농업환경 화학분석법: 이론과 실험

농업환경 화학분석법: 이론과 실험

인 쇄 2023년 2월 20일
발 행 2023년 2월 24일

대표저자 최우정
공동저자 임상선·곽진협·이선일·이광승·박현정
이동석·함종현·전병준·이세인·박현진
양혜인·박세인·서보성·정영재·백누리
발 행 인 정성택
발 행 처 전남대학교출판문화원

등 록 1981. 5. 21. 제53호
주 소 61186 광주광역시 북구 용봉로 77
전 화 (062) 530-0571~2 **마케팅** 530-0573
팩 스 (062) 530-0579
홈페이지 http://www.cnup.co.kr
이 메 일 cnup0571@hanmail.net

값 17,000원

ISBN 978-89-6849-949-4 (93150)

"이 책은 BK21 기후지능형간척지농업교육연구팀 사업 결과의 일부입니다"
"이 책의 인용 방법: 최우정 외 15인, 2023. 농업환경 화학분석법: 이론과 실험. 전남대학교출판문화원, 광주, 대한민국
(Choi WJ et al., 2023. Principles and Applications of Chemical analysis Methods for the Management of Agricultural Environment, Chonnam National University Press, Gwangju, South Korea)"

농업환경 화학분석법

이론과 실험

최우정 · 임상선 · 곽진협 · 이선일
이광승 · 박현정 · 이동석 · 함종현
전병준 · 이세인 · 박현진 · 양혜인
박세인 · 서보성 · 정영재 · 백누리 공저

전남대학교출판문화원

책머리에

2005년에 학부생 2명과 함께 연구를 시작했다. 창고와 같던 실험실을 깨끗이 정리하고 나니 아무것도 남지 않았다. 간신히 빚을 내어서 몇백 원짜리 비커부터 1억원이 넘는 고가 장비까지 실험기구와 장비를 들여놓았다. 화학분석에 대한 지식이 부족했던 학부생들에게 실험에서 가장 기본적인 무게와 부피를 측정하는 방법부터 가르치고 함께 그 내용을 정리하기 시작하였다. 그것이 이 책의 시작이었다. 그렇게 정리한 실험방법은 세월이 흘러가면서 살이 더 두껍게 붙었고 내용은 더 정교해져서 이제 세상에 내놓을 때가 된 것 같다.

우리는 매일 음식과 물을 먹고 마신다. "음수사원(飮水思源)"이라는 말이 있다. 내가 먹고 마시는 물이 어디서 왔는지 생각해야 한다는 뜻으로 근본을 잊지 말라는 의미이다. 도시에 사는 우리가 먹는 음식은 농경지에서 재배된 것이고, 마시는 물은 농촌에서 끌어다 온 것이다. 그러니, 토양과 물이 오염되면 식품과 물도 오염되고, 그것을 먹고 마시는 우리 몸도 오염을 피할 수 없는 것은 생태계 먹이사슬의 관점에서 너무나 당연하다. 그것이 우리가 농업환경에 관심을 둬야 하는 이유이다. 농업환경 관리의 출발은 분석이다. 토양에 식물 양분이 얼마나 있는지, 토양과 물이 얼마나 오염되었는지 분석할 수 없다면, 우리는 농업환경을 관리할 수 없다.

토양과 수질 오염 분석은 너무나도 중요하기 때문에 우리나라에서도 관련 법령에서 공정시험법을 정하고 있다. 공정시험법은 전문분석기관이 법정 오염 항목을 분석할 때 반드시 준수하여야 하지만, 대학생들의 실험실습 교재 또는 대학원생들의 학술연구 목적으로 참고하기에는 무리가 있다. 따라서, 화학분석에 대한 전문성이 부족한 농학계 대학교 초년생들은 물론 전문적인 연구를 수행하는 대학원생들이 쉽게 참고할 수 있는 범용적이면서 전문적인 내용을 담은 농업환경 화학분석법 교재가 필요하다. 이것이 이 책을 집필한 이유이다.

이 책은 농업환경 화학분석에 필요한 기본 실험기구, 기기분석 원리, 그리고 다양한 분석에 대한 이론과 실험방법에 대한 설명을 담고 있다. 요리를 못하는 사람이라도 조리법을 따라 하면 먹을 만한 음식을 만들 수 있듯이, 화학분석에 대한 지식이 없는 학생이라도 이 책의 내용을 이해하고 따라 하면 원하는 실험 결과를 얻을 수 있도록 기초부터 응용까지 상세하게 설명하려고 노력하였다. 그리고, 기초적인 토양과 수질 시료 분석법은 물론 대학원생들을 위해 현재 세계적으로 화두가 되고 있는 토양탄소 저장 연구에 필요한 토양탄소 분획법, 토양 미생물 생체량과 호흡량 분석법, 그리고 농업비점원 오염 추적에 활용되는 안정동위원소비 질량 분석법을 추가하였다.

함께 실험하고 실험방법을 정리했던 학생들은 모두 자기 자리를 찾아서 떠났지만, 떠난 그들을 다시 소환하여 이 책을 완성하였다. 뜻하지 않았지만, 그들과 함께 했던 가슴 먹먹했던 그 시절도 같이 소환되었다. 개인적으로 이 책은 그들과 함께했던 그 시절의 기록물이다. 이 책을 기반으로 미래의 학생들과 함께 또 다른 기록물을 만들 수 있기를 희망한다.

대표 저자　최우정

목차

1장

시약 및 실험기구

1 시약

1.1. 고체 시약

○ 곱게 분쇄된 분말(Powder) 형태와 알갱이(Granular) 형태가 있다. 토양 및 식물체 분석에 많이 사용되는 고체시약은 수산화나트륨(NaOH), 염화칼륨(KCl), 황산암모늄($(NH_4)_2SO_4$), 황산칼륨(K_2SO_4), 보릭산(H_3BO_3), 황산구리($CuSO_4$), 염화마그네슘($MgCl_2$), 초산암모늄(CH_3COONH_4), 과황산칼륨($K_2S_2O_8$), 염화바륨($BaCl_2$), 염화스트론튬($SrCl_2$), 중크롬산칼륨($K_2Cr_2O_7$) 등이 있다. 시약병에는 각 시약의 분자량 등의 표기되어 있다.

○ 대부분의 시약은 인체에 유해하므로 항상 고체시약장에 안전하게 보관하고, 사용할 때에도 안전에 유의한다.

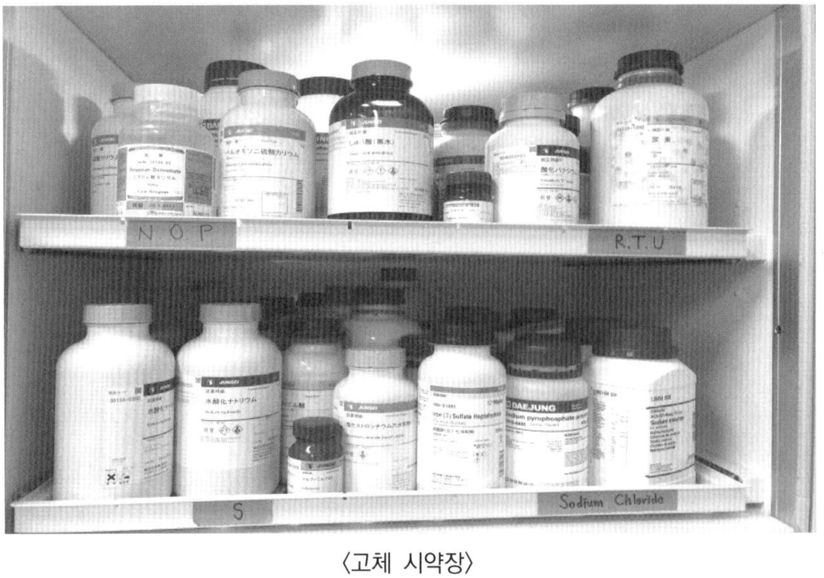

〈고체 시약장〉

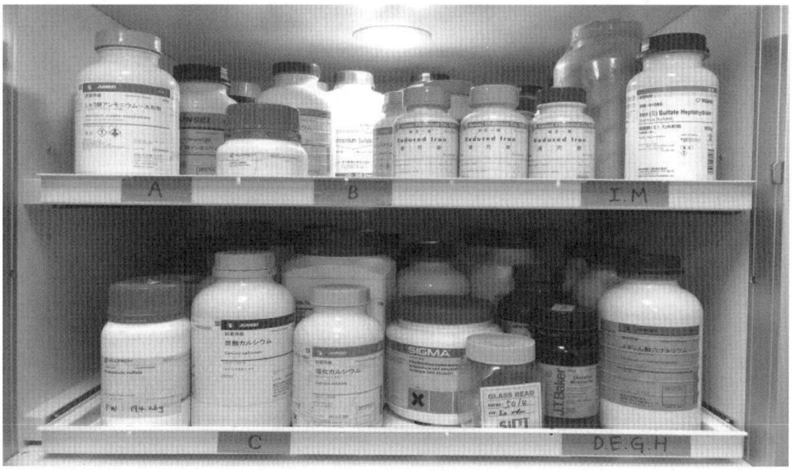

〈고체 시약장〉

1.2. 액체 시약

○ 진한 황산이나 염산 등과 같이 원액(Conc.) 형태가 있고, 정확한 농도로 제조된 표준 용액(1 N, 0.1 N, 0.01 N 등)이 있다. 종류로는 황산(H_2SO_4), 염산(HCl), 질산(HNO_3), 수산화나트륨(NaOH), 과망간산칼륨($KMnO_4$), 과염소산($HClO_4$), 아세트산(CH_3COOH), 에탄올(CH_3CH_2OH) 등이 있다. 시약병에는 시약의 농도, 비중 등이 표기되어 있다.

〈액체 시약장〉

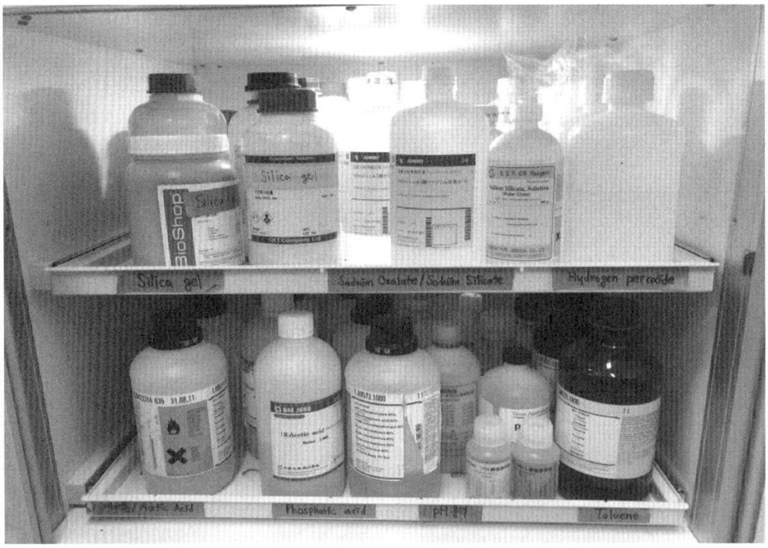

〈액체 시약장〉

○ 액체 시약은 증기압이 높아 휘발되기 쉬우므로, 배기장치가 설치된 별도의 시약장에 보관한다.

1.3. 시약 보관 병

○ 시약 보관 병은 대부분 갈색으로 되어있는데, 시약이 햇빛에 노출될 경우 광분해 될 수 있기 때문이다. 갈색 병이 없을 경우 알루미늄 호일로 차광할 수 있다.

〈갈색 시약병〉

〈갈색 시약병〉

2 부피 측정 기구

2.1. 피펫(Glass pipette)

○ 일정 부피(5 mL, 10 mL, 20 mL 등)만을 정확하게 채취할 수 있는 홀 피펫(Hole pipette)과 눈금이 매겨져 있어 일정량을 취하여 사용할 수 있는 트랜스퍼 피펫(Transfer pipette)이 있다. 피펫은 보조기구(Pipette aid)를 이용하여 사용한다.

주의사항 피펫 사용 후 즉시 세척하고, 어려울 때에는 내용물이 응고되지 않도록 수돗물에 담가둔다. 피펫 세척기를 이용하여 세척한다.

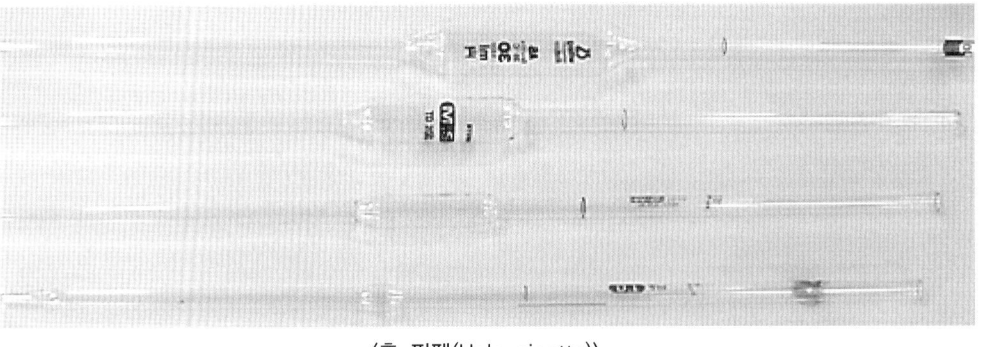

〈홀 피펫(Hole pipette)〉

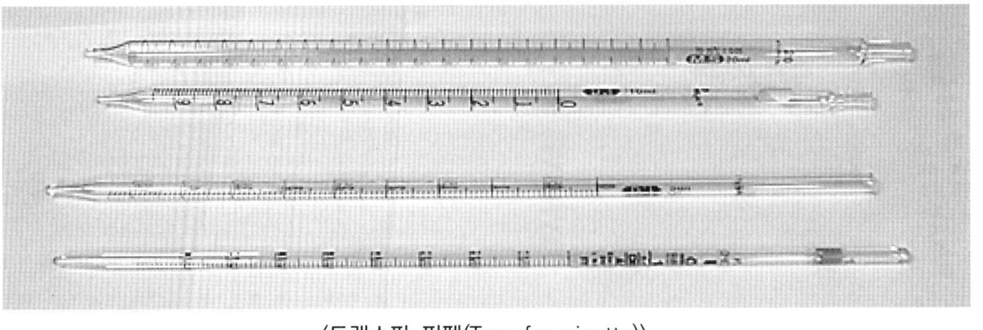

〈트랜스퍼 피펫(Transfer pipette)〉

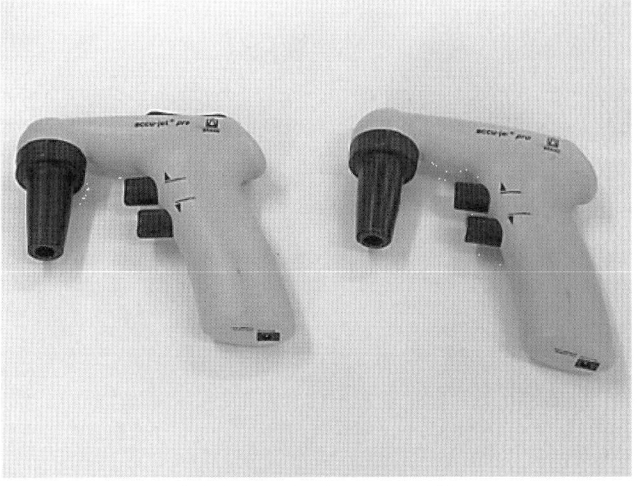

〈피펫 보조기구(Pipette aid)〉

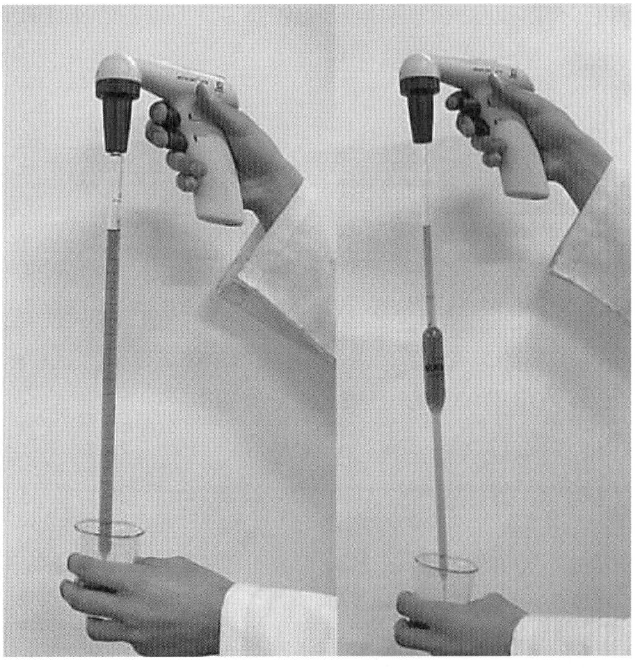

〈Pipette aid 사용법〉

2.2. 마이크로 피펫(Micro-pipette)

○ 소량의 시약을 일정량 채취할 때 사용하며, 각 용량(0.2 mL, 1 mL, 5 mL, 10 mL)에 맞는 피펫 팁(Tip)을 이용한다.

주의사항 마이크로 피펫이 정확하지 않을 수 있으므로 마이크로 피펫으로 증류수 1 mL를 채취하여 무게가 1 g이 되는지 확인하고, 정확하지 않을 때 마이크로 피펫 눈금을 조정하여 사용한다.

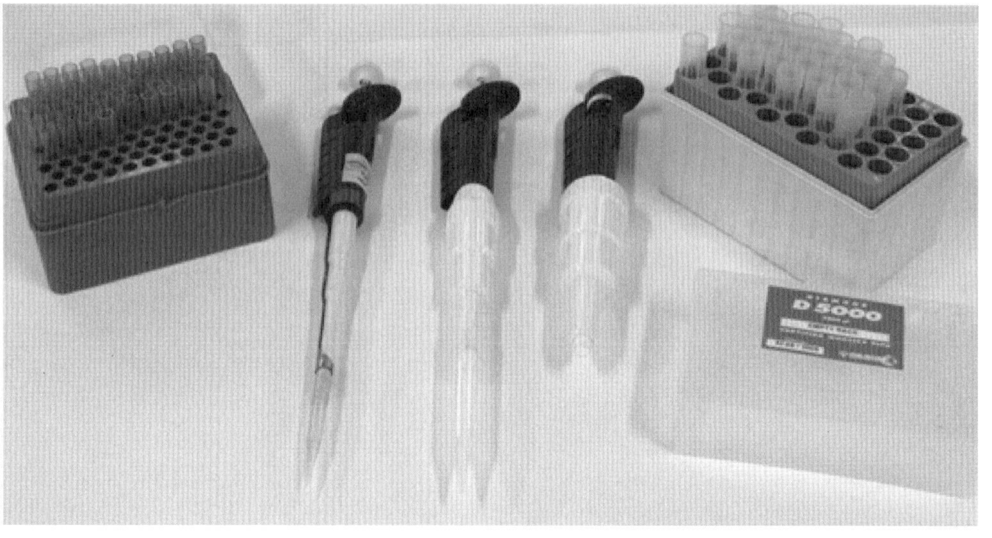

〈마이크로 피펫(Micro-pipette)과 Tip〉

2.3. V-플라스크(Volumetric flask, V-flask)

○ 정확한 일정 부피를 측정할 때 사용하며, 50 mL, 100 mL, 250 mL, 500 mL, 1000 mL, 2000 mL 등이 있다.

○ V-flask는 일반적으로 고체 시약을 용해하거나, 고농도의 액체 시약을 희석해서 일정 농도의 시약을 제조할 때 사용한다.

주의사항 사용 후 즉시 세척하고, 어려울 경우 내용물이 응고되지 않도록 수돗물에 담가둔다. 세척할 때 내부에 흠집이 생기지 않도록 세척 솔을 사용하지 않고, 세척액을 넣고 수돗물로 여러 번 씻고, 마지막에 증류수로 헹군다.

2.4. 메스 실린더(Measurement cylinder)

○ 정확한 부피를 측정할 때 사용하지만, V-flask와는 다르게 눈금이 매겨져 있어 다양한 부피를 측정할 수 있다.

주의사항 사용 후 즉시 세척하고, 어려울 경우 내용물이 응고되지 않도록 수돗물에 담가둔다. 세척할 때 내부에 흠집이 생기지 않도록 세척 솔을 사용하지 않고, 세척액을 넣고 수돗물로 여러 번 씻고, 마지막에 증류수로 헹군다.

〈V-플라스크(V-flask)〉

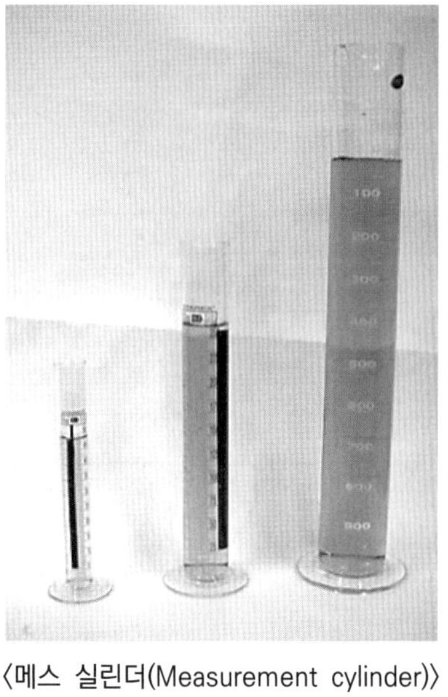

〈메스 실린더(Measurement cylinder)〉

2.5. 비커(Beaker)

○ 시약을 녹이거나 제조한 시약을 임시로 보관할 때 사용하며, 50 mL, 100 mL, 250 mL, 500 mL, 1000 mL 등이 있다.

주의사항 비커를 이용하여 교반기에서 시약을 녹일 때 비커 외부로 용액이 튀지 않도록 주의한다.

〈비커(Beaker)〉

2.6. 삼각 플라스크(Erlenmeyer flask, △-flask)

○ 비커와 같은 용도로 사용하나, 주둥이가 좁아 용액 교반이나 부피 적정 시 내부 용액이 튀거나 먼지 등이 들어가는 것을 막을 수 있다.

〈삼각플라스크(△-flask)〉

2.7. 뷰렛(Burette)

○ 적정(Titration) 실험에 사용하며, 적정할 시약을 넣고 적정하여 종말점에 도달하면 반응에 소비된 시약 부피를 알 수 있다.

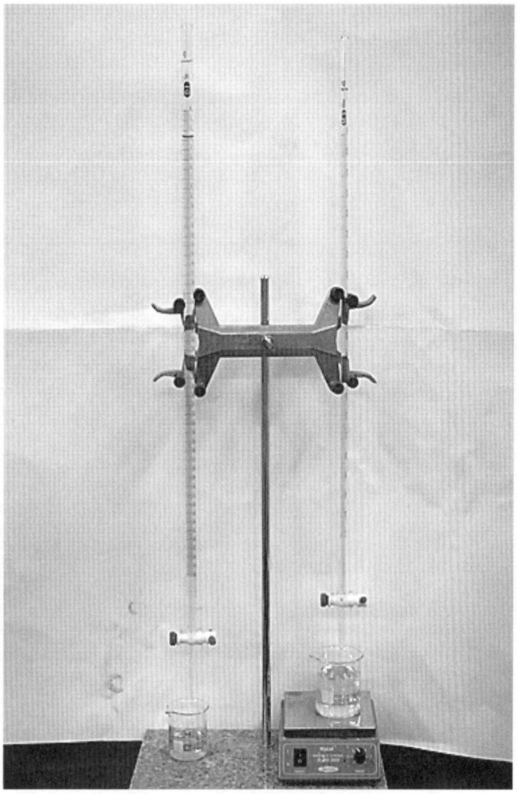

〈뷰렛(Burette)〉

2.8. 디지털 뷰렛(Digital burette)

○ 뷰렛과 같은 용도이며 사용량을 눈금 대신 전자 수치로 읽을 수 있어서 간편하고 정확하게 사용할 수 있다.

주의사항 장시간 미사용할 경우에는 염(Salt)이 굳어 고장 날 수 있으니 증류수 1 L를 담은 갈색 병에 디지털 뷰렛을 장착하여 증류수로 여러 번 세척한 후 보관해야 한다.

2.9. 디스펜서(Dispenser)

○ 시약병에 담겨있는 시약을 일정 부피씩 옮겨 담을 때 사용한다.

주의사항

1. 단, 시약의 부피가 정확하지 않을 수 있으므로 메스실린더로 디스펜서 용량을 확인한 후 사용한다.

2. 장시간 미사용할 경우에는 염(Salt)이 굳어 고장 날 수 있으니 증류수 1 L를 담은 갈색 병에 디스펜서를 장착하여 증류수로 여러 번 세척한 후 보관해야 한다.

〈(좌) 디스펜서(Dispenser), (우) 디지털 뷰렛(Digital burette)〉

3 무게 측정 기구

○ 0.1 g까지 측정할 수 있는 일반 저울(Balance)과 0.0001 g(0.1 mg)까지 측정할 수 있는 화학 저울(Chemical balance), 0.001 mg(1 μg)까지 측정할 수 있는 마이크로 저울(Micro-balance)이 있다.

주의사항

1. 저울의 원리는 물질의 무게에 의해 저울추가 중력방향으로 이동하면서 발생하는 전류를 측정하는 것이므로, 항상 수평을 유지하여야 한다.
2. 전류는 온도에 민감하므로, 시료 건조 후 실온으로 방랭한 후 무게를 측정한다.
3. 저울 사용 후 이물질을 깨끗이 제거하여 관리한다.

○ 저울은 전원을 켠 후 화학 저울, 마이크로 저울과 같이 자동보정 기능이 있는 경우 이 기능을 이용해 보정하여 사용한다.

○ 무게 측정에 사용할 용기나 종이를 저울에 올려 영점을 맞추고(Tare) 시약 등의 무게를 측정한다.

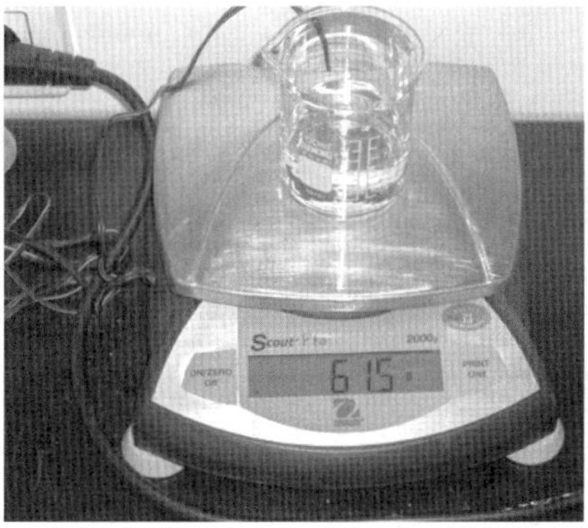

〈(좌) 일반 저울(Balance), (우) 양팔 저울(Two arms scale)〉

○ 소량을 칭량할 경우 진동이나 바람에 의해 영향을 받을 수 있기 때문에 저울 문을 닫아 바람의 영향을 제거해야 하며, 마이크로 저울의 경우 진동 흡수체 위에 저울을 설치한다.

○ 양팔 저울(Two arms scale)은 무게를 직접 측정하는 것이 아니라, 원심분리기 사용 시 대각선 위치의 용기를 포함한 시료 무게를 일치시킬 때 사용한다.

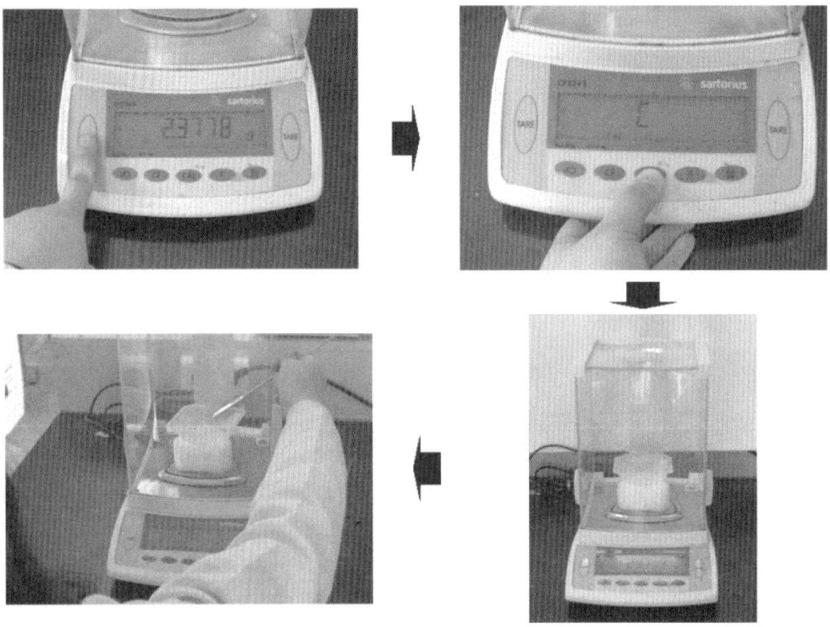

〈화학 저울(Chemical balance)〉

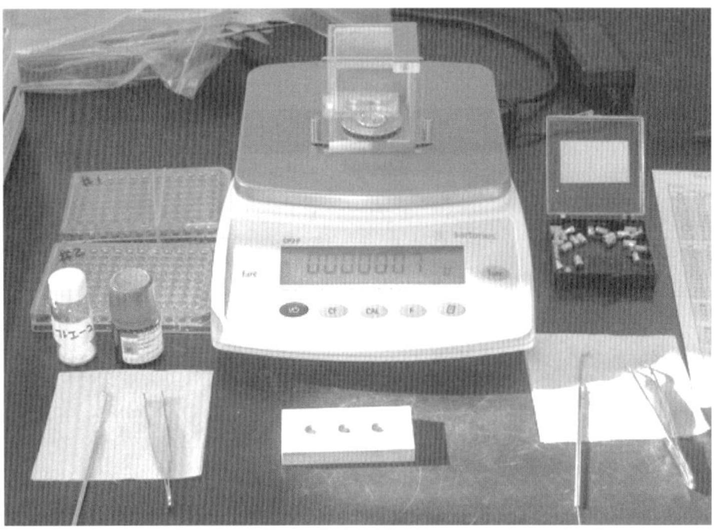

〈마이크로 저울(Micro-balance)〉

4 기타 기구 및 소모품

4.1. 증류수 제조 장비(Water purification system)

○ 수돗물에 존재하는 이물질(유기물과 이온)을 제거하여 실험에 사용하는 증류수를 제조하는 장비이다.

○ 이온이 제거된 증류수는 탈이온수(Deionized water, D.I. water)라고 하며, 과거에는 물을 끓여서 순수한 물을 생산하였기 때문에 일반적으로 증류수(Distilled water)라고 한다.

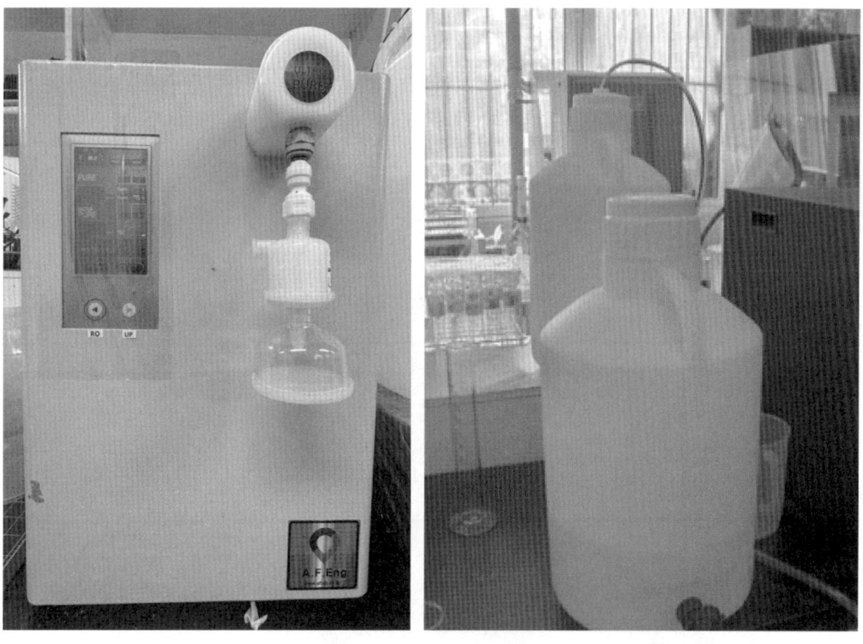

〈증류수 제조기와 보관통〉

4.2. 자석 교반기(Magnetic stirrer)

○ 용질을 용매에 녹이거나 적정할 때 사용한다. 본체에 있는 자석이 회전하면서 자석 막대를 회전시켜 반응을 빠르게 한다. 필요시, 가열하면서 사용할 수 있다.

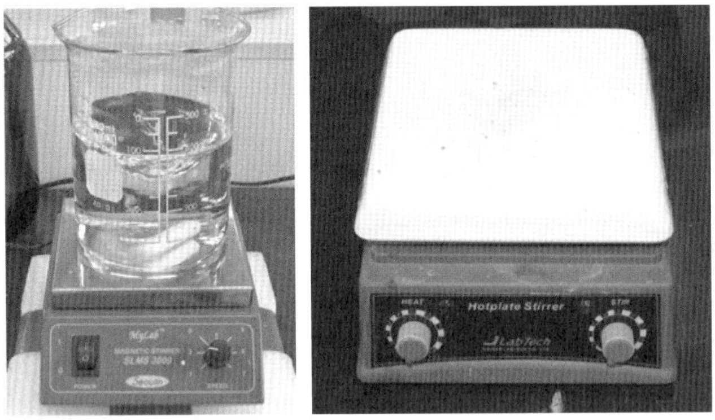

〈자석 교반기〉

4.3. 진공 펌프(Vacuum pump)

○ 진공이 필요한 실험에서 사용하는 펌프이다. 유압 펌프의 경우 수분이 펌프 안으로 유입되면 고장의 원인이 되기 때문에 중간에 수분제거기(Water trap, 일반적으로 실리카겔)를 설치하기도 한다.

〈진공 펌프〉

〈진공 펌프〉

4.4. 데시게이터(Desiccators)

○ 건조 시료나 시약을 보관하는 기구로서 바닥에 흡습제(실리카겔)를 넣어서 시료나 시약의 재습화를 방지한다.

〈데시게이터〉

4.5. 스크류 혼합기(Screw shaker)

○ 시료가 담긴 용기에 직접 설치하여 시료를 균일하게 혼합하는 장비이다.

4.6. 보르텍스 혼합기(Vortex mixer)

○ 자석 교반기를 이용하지 못하는 시험관 내 시료를 균일하게 혼합할 때 사용한다.

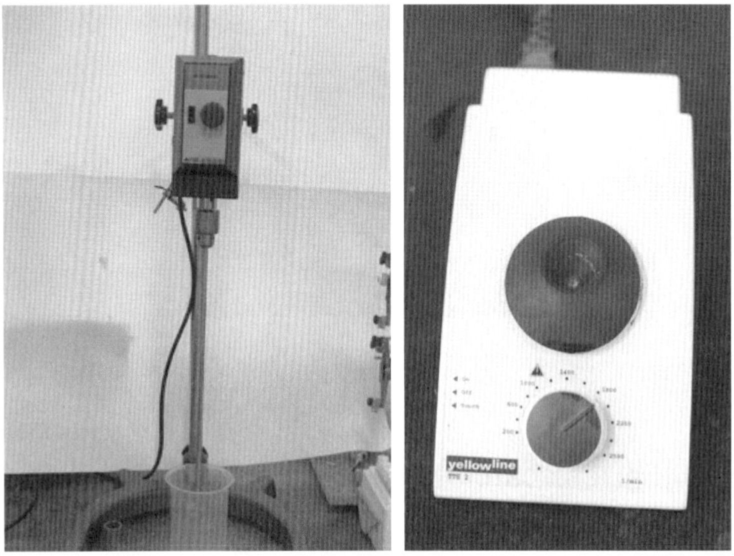

〈(좌) 스크류 혼합기(Screw shaker), (우) 보르텍스 혼합기(Vortex mixer)〉

4.7. 시료 운반 카터(Carter)

○ 무거운 시료를 운반하거나, 실험대 공간이 부족할 때 시료 등을 올려둔다.

〈시료 운반 카터〉

4.8. 유리초자 건조대(Glassware drier)

○ 초자 등을 세척 후 건조한다.

4.9. 피펫 세척기(Pipette washer)

○ 피펫 사용 후 수돗물이 담긴 세척기에 담아둔 후 세척한다.

<(좌) 유리초자 건조대(Glassware drier), (우) 피펫 세척기(Pipette washer)>

4.10. 깔대기(Funnel)

○ 여과지와 함께 시료 여과에 사용한다. 일반적으로 시료 여과에는 플라스틱 깔대기를 사용하고, 시약을 입구가 좁은 병에 담을 때는 유리 깔대기를 사용한다.

<깔때기>

여과지 접는 방법

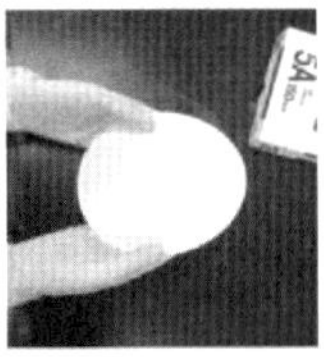

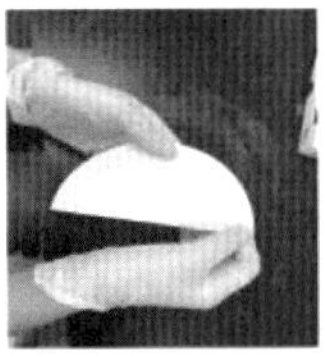

❶ 여과지를 반으로 접는다.

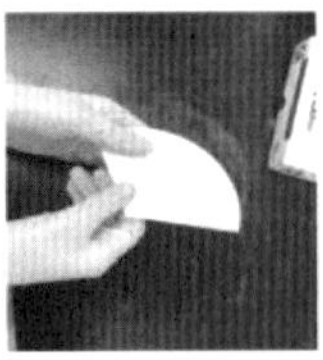

❷ 반으로 접은 여과지의 3분의 1만큼 접는다.

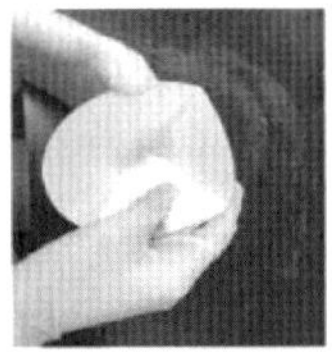

❸ 여과지의 안쪽을 바깥쪽 접힌 선까지 접는다.

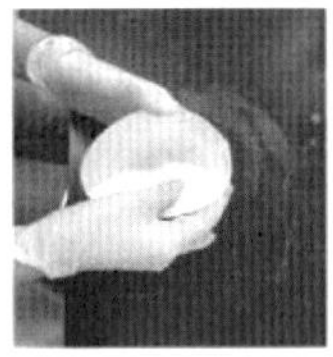

❹ 방금 접은 부분을 옆으로 한번 더 접어준다.

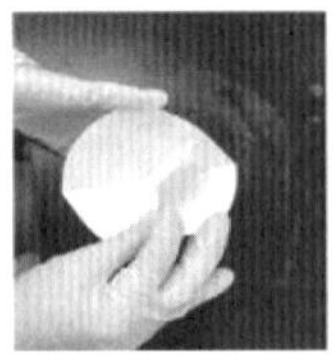

❺ 가운데 부분을 잡고 펼치면 완성

4.11. 스페츌라와 스푼(Spatulas and Spoons)

○ 시료나 시약 무게를 재거나 일부를 취할 때 사용한다.

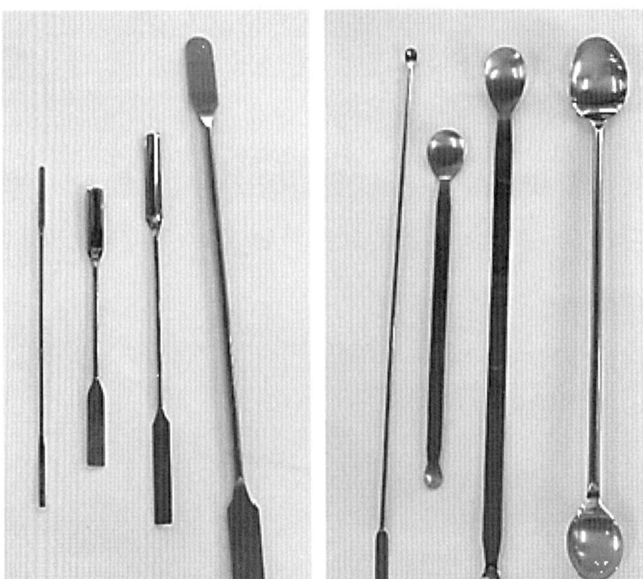

〈(좌) 스페츌라, (우) 스푼〉

4.12. 병(Bottles)

○ 플라스틱, HDPE(High density polyethylene) 또는 유리병이 있으며, 입구의 크기에 따라 광구병(Wide-mouth bottle)과 세구병(Narrow-mouth bottle)으로 구분한다.

○ 보통 플라스틱 재질은 내구성이 약하기 때문에 시료 보관용으로만 사용하며, 광구병은 토양 또는 물 시료 보관, 세구병은 토양 침출액 보관용으로 사용한다.

○ 교반·진탕을 위해서는 광구 HDPE병을 사용한다.

○ 메이슨자(Mason jar)는 공기밀폐형 유리병이다.

주의사항

일반 플라스틱 병은 산-알칼리-유기용매와 고온에 약하기 때문에 사용에 주의하며, 산-알칼리-유기용매를 담거나 고온(Auto-Clave 등)에서 사용할 경우에는 그에 적합한 용기를 사용한다.

〈메이슨자(Mason Jars)〉

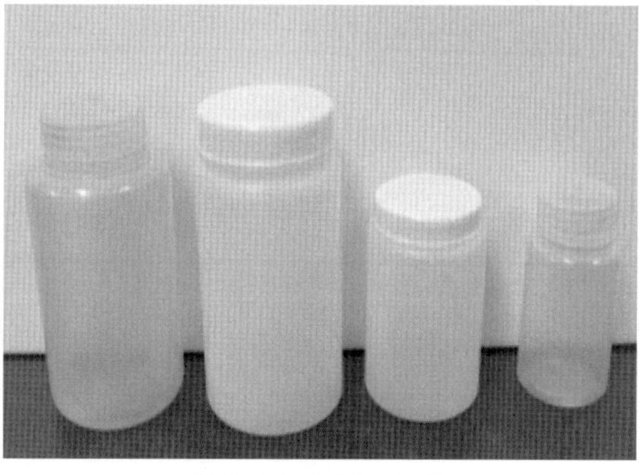

〈플라스틱 병(Bottles)〉

4.13. 실험용 휴지(Cleaning paper)

○ 먼지가 발생하지 않는 특수한 휴지로 실험기구의 이물질 제거에 사용한다.

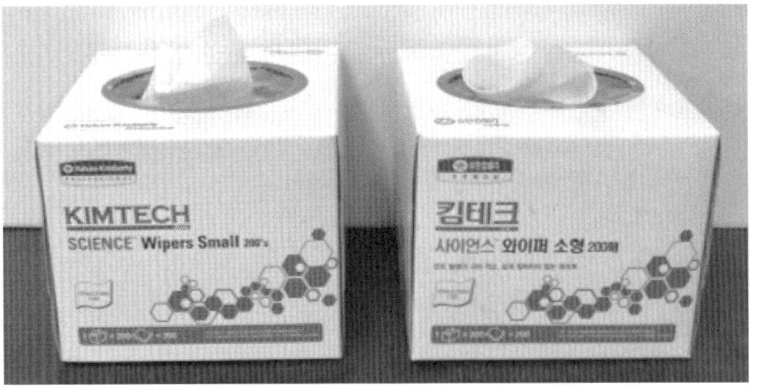

〈실험용 휴지(Cleaning paper)〉

4.14. 장갑(Glove)

○ 시료 오염 방지와 실험자 보호를 위해 실험 시 반드시 착용한다. 흰색은 일반용이고 파란색은 화학물질 안전용이기 때문에 위험 물질을 다룰 경우 파란색을 착용하고, 일반적인 경우에는 흰색을 착용한다.

○ 고온이나 액체 시료를 사용하는 실험에서는 별도 장갑을 사용한다.

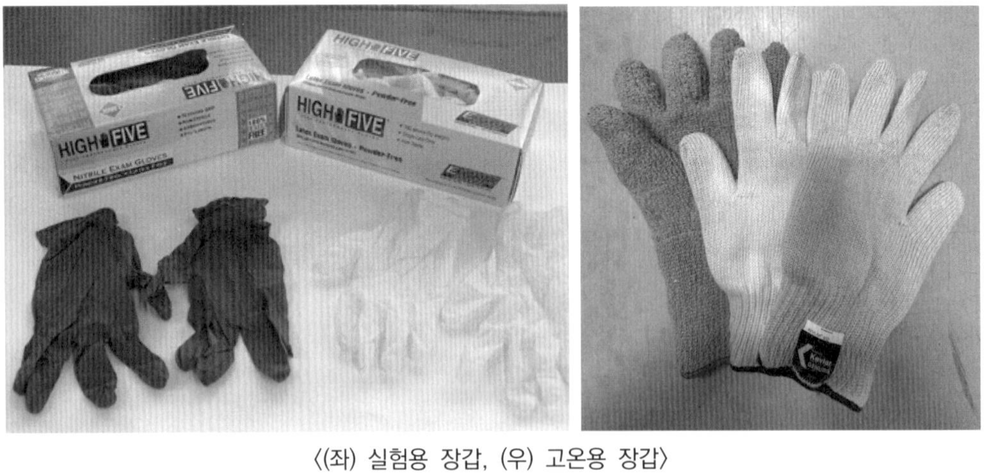

〈(좌) 실험용 장갑, (우) 고온용 장갑〉

2장

시료 채취·보관·전처리 기구·장비·시설

1
시료 채취 기구

1.1. 토양 코어 샘플링 키트(Soil core sampling kit)

○ 토양 Core(100 mL), Core Head, 망치, 야전삽 등으로 구성된다. 토양 전용적 밀도(D_b, bulk density) 측정 등을 위해 현장에서 토양을 채취한다.

○ 세부 사항은 "토양시료채취 방법"을 참고한다.

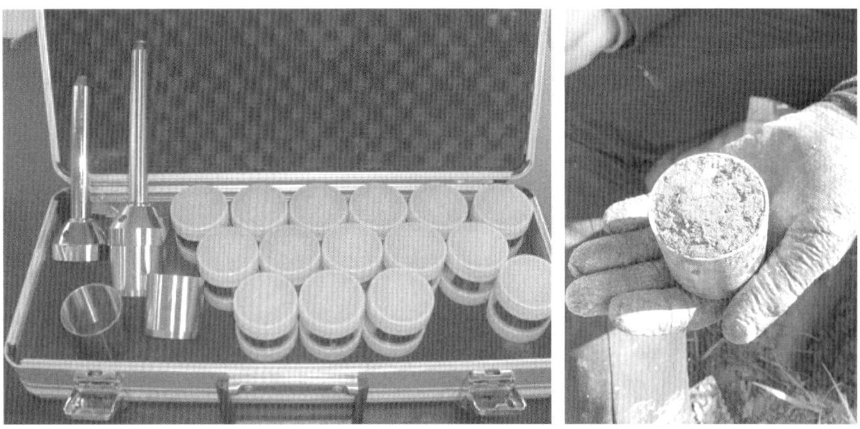

〈토양 코어 샘플링 키트(Soil core sampling kit)〉

1.2. 오거(Soil auger)

○ 깊이별(최대 1 m) 토양 시료를 채취한다.

○ 시료 채취 부분이 나선형으로 되어 있으며, 시료 채취 시에 오거를 약 15도 정도로 토양에 넣고 나선형 방향으로 힘을 아래로 주면서 오거를 돌려서 시료를 채취하고 오거를 빼낼 때도 같은 방향으로 돌리면서 힘을 위 방향으로 준다.

○ 세부 사항은 "토양시료채취 방법"을 참고한다.

〈오거(Soil auger)〉

1.3. 나이테 시료 채취기(Tree ring core sampler)

○ 나무를 훼손시키지 않고 나이테(연륜) 시료를 채취한다.

〈나이테 시료 채취기(Tree ring core sampler)와 나이테 시료〉

1.4. 베일러 채수기(Bailer water sampler)

○ 접근이 어려운 곳의 수질 시료를 채취한다.

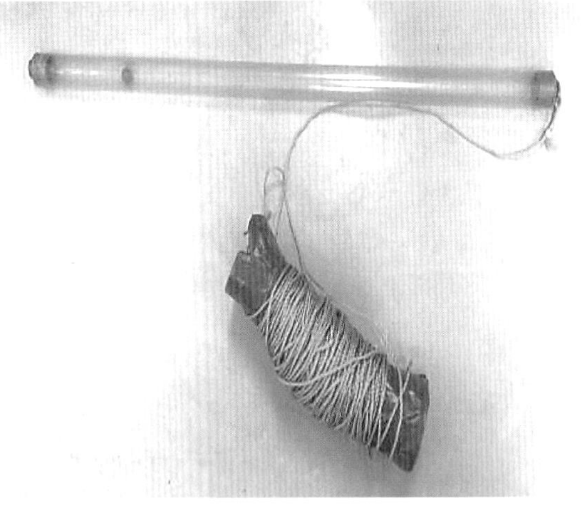

〈베일러 채수기(Bailer water sampler)〉

1.5. 막대 통 채수기(Telescopic water sampler-fixed dipper type)

○ 접근이 가능한 곳의 수질 시료를 채취한다.

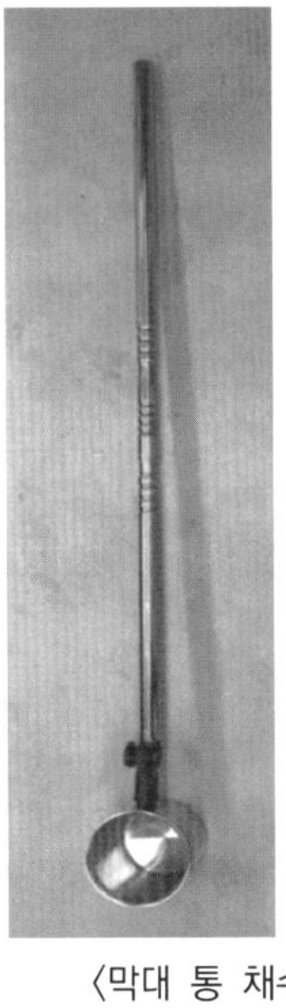

〈막대 통 채수기(Telescopic water sampler-fixed dipper type)〉

1.6. 채수통(Water sample container)

○ 수질 시료를 담아서 보관한다. 시료는 냉동 보관하는 경우가 많기 때문에 채수통에 시료를 담을 때 손으로 눌러서 정량보다 약간 적게 하고, 채수통 모든 공간에 물 시료가 가득하도록 한다. 채수통 정량대로 물을 가득 담게 되면 냉동 보관할 때 채수통이 터질 수 있다.

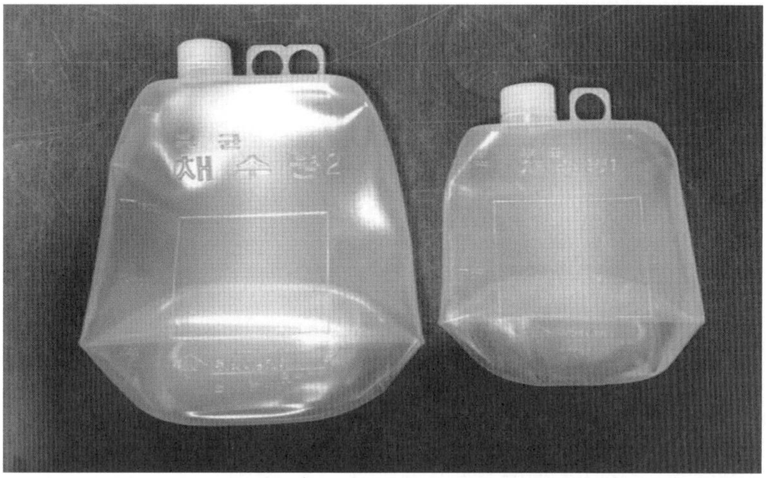

〈채수통(Water sample container)〉

2 시료 보관 장비

2.1. 냉장고

○ 냉장고는 약 4℃ 정도 유지되며, 1주일 이내에 분석할 액체 시료와 1주일 이내에 체거름할 토양 시료를 보관한다.

2.2. 냉동고

○ 냉동고는 영하(-20℃ 이하)로 유지되며, 1주 이후에 분석할 액체 시료와 기타(토양, 퇴비 등) 시료를 동결 보관한다.

2.3. 급속 냉동고(Deep freezer)

○ 약 -50℃ 정도로 유지되며, 시료를 급속 냉동하거나, 장기간 보관 시에 사용한다.

〈급속 냉동고(Deep freezer)〉

3 시료 건조 장비

3.1. 오븐 건조기(Drying oven)

○ 고온을 이용하여 시료나 초자를 건조하는 장비이다.

○ 토양 시료(수분함량 측정용)는 105℃에서 건조하고, 식물체 시료 및 가연성 또는 휘발성 시료는 65℃에서 건조한다. 기타 시료는 시료의 상태를 고려하여 건조 온도를 결정한다.

주의사항 오븐은 화재에 취약하기 때문에 연소 가능 시료는 저온에서 일과시간 중에 건조하고, 밤에는 전원을 끈다.

〈오븐 건조기(Drying oven)〉

3.2. 동결 건조기(Freeze drier)

○ 자연건조나 오븐을 이용해 건조할 경우 분석 성분이 손실될 우려가 있으므로 시료를 냉동하여 진공 상태에서 건조하는 장비이다. 동결 건조 시킬 시료는 미리 냉동고나 급속 냉동고에서 냉동한다.

〈동결 건조기(Freeze drier)〉

3.3. 적외선 건조기(Infra-red evaporator)

○ 건조기 상부에 설치된 적외선에 의해 용액의 최상단 표면에서 수분이 증발되어 시료가 건조된다. 이 경우 대류에 의한 시료 교란을 방지할 수 있다.

○ 동위원소 분석을 위한 시료 건조에 이용한다.

〈적외선 건조기(Infra-red evaporator)〉

4 시료 체거름 및 분쇄 장비

4.1. 체질방(Soil sieving room)

○ 시료 풍건 선반과 토양 체질 및 식물체 분쇄할 때 발생하는 먼지를 밖으로 배출할 수 있는 후드 시설이 갖추어져 있다.

〈시료 체거름 및 보관〉

4.2. 볼 분쇄기(Ball mill)

○ 믹서 등을 이용해 1차 분쇄된 식물성 시료를 고운 분말로 분쇄할 때 이용한다. 쇠구슬이 담긴 시료 통(Jar)이 빠른 속도로 왕복운동을 하면서 시료를 곱게 분쇄한다.

〈볼 분쇄기(Ball mill)〉

5 시료 교반·여과·고액분리 장비

5.1. 교반기(Shaker)

○ 시료를 일정 시간 동안 일정 속도(rpm, round per minute)로 교반할 때 사용한다.

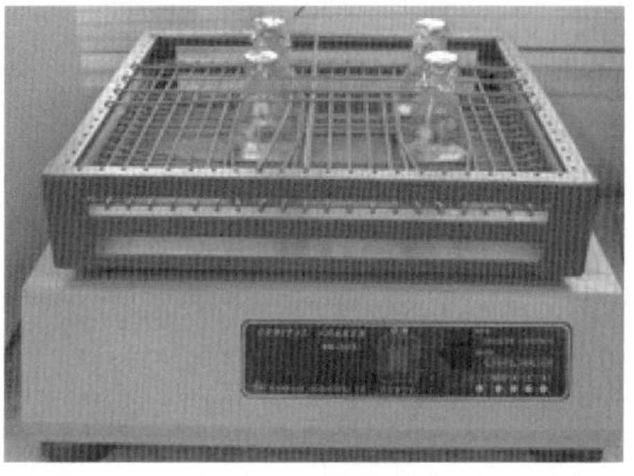

〈교반기(Shaker)〉

5.2. 여과(Filtering)

○ 시료를 교반하거나, 분해 후 여과지를 이용하여 고상과 액상을 분리하는 방법이다.

〈시료 여과(Filtering)〉

5.3. 원심분리기(Centrifuge)

ㅇ 시료를 고속으로 회전시켜 중력을 증가시킴으로써 고체를 빠르게 침강시켜 상등액(supernatant)과 침전물(sediment)을 분리하는 장비이다.

ㅇ 여과지를 이용할 경우 고상을 다시 회수하기 어렵기 때문에 고상(예, 토양) 회수가 필요할 경우 사용한다.

주의사항

1. 원심분리기는 고속으로 회전하기 때문에 작동이 멈출 때까지 뚜껑을 열지 않는다.
2. 원심 분리 튜브를 장착할 경우 양팔 저울로 대각선 방향의 시료튜브의 무게를 동일하게 한다(증류수 이용).

〈원심분리기(Centrifuge)〉

〈양팔저울을 이용한 무게 맞추기〉

6 시료 분해 장비

6.1. 가열판(Hot plate)

○ 시료를 유리병 등에 넣고 올려두어 가열하는 장비이다.

〈가열판(Hot plate)〉

6.2. 고온고압 멸균기(Autoclave)

○ 시료를 고온과 고압에서 분해하는 장비이다.

○ 미생물 멸균 목적으로도 사용한다.

주의사항

1. 반드시 Autoclave 전용 용기를 사용하여야 한다.
2. 반드시 보호용 내열 장갑을 끼고 사용한다.

〈고온고압 멸균기(Autoclave)〉

○ Autoclave 사용법(고온과 고압에 의해 위험하기 때문에 별도 서술한다)

① 정면 좌측상단에 있는 밸브를 잠근다.

② 바닥에 물이 보일정도로 채우고 시료를 넣고 뚜껑을 최대한 힘껏 닫는다.

③ 메인 전원을 켠다.

④ “Mode” 버튼과 방향 버튼을 이용해 온도와 시간을 조정한다.

⑤ “Start” 버튼을 길게 눌러서 작동시킨다.

⑥ (매우 중요) 분해가 끝나면 증기가 빨리 빠질 수 있도록 밸브를 열어준다.

⑦ (매우 중요) 증기가 완전히 빠지면(압력이 “0”) 뚜껑을 열고 시료를 뺀다.

6.3. 흄 후드(Fume hood)

○ 시약 제조나 시료 분해 등 유해 가스가 발생할 위험이 있는 실험에 사용하며, 가스는 외부로 배출된다.

〈흄 후드(Fume hood)〉

6.4. 블록 분해대(Block digester)

○ 고온에서 토양, 식물체, 액체 시료의 산 분해에 사용한다.

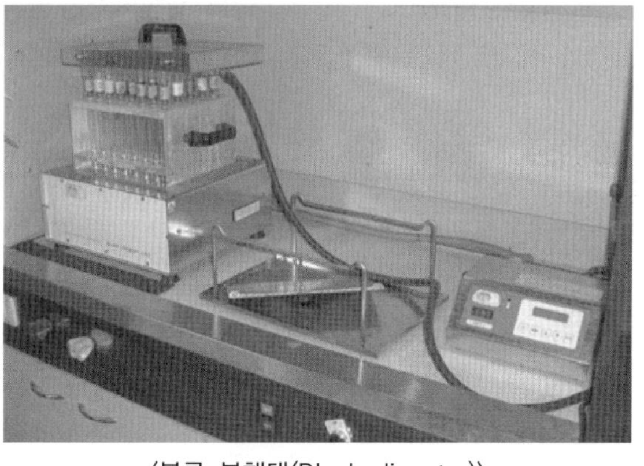

〈블록 분해대(Block digester)〉

분해대 사용 예시

※ 토양 총질소 분석을 위한 분해 예시는 다음과 같다.

1) 필요 시약

① 진한 황산(H_2SO_4)

② 환원철(Fe)

③ 과산화수소(H_2O_2)

2) 실험 방법

※ 아래 과정은 분해대의 사용 예시이니 다른 분해 장비를 사용할 시 적절히 변경한다.

① 시료를 분해 튜브에 넣는다.
(토양: 0.5 g, 퇴비: 0.1 g, 액비: 1 mL, 토양 침출액: 40 mL)

주의사항 1. 시료를 분해 튜브에 넣을 때 기벽에 묻지 않도록 주의한다.
2. Blank 튜브는 시료 없이 3개 준비한다.

② 5 mL의 증류수를 분해 튜브에 묻은 시료를 씻어주면서 넣어주고, 시료와 증류수가 잘 섞일 수 있도록 흔들어준다: 1) 토양 중에는 점토광물 격자 내에 고정된 암모니아태 질소가 상당량 존재하고 이것들은 물을 처리하여 격자가 팽창되어 용출된다. 2) 점토함량이 높은 토양에서는 cementing agent인 유기물이 황산의 침투를 막아 격자 내의 질소를 충분히 산화시킬 수 없으므로 소량의 물을 가해 토양격자를 팽창시킨 후 황산을 가한다.

주의사항 시료에 증류수를 한꺼번에 많이 넣지 말고 조금씩 넣으며, 흔들 때는 기벽을 타고 올라오지 않게 주의한다.

③ 디스펜서를 이용해 진한 황산 3 mL를 넣어준다.

④ 0.5 g의 환원철을 넣고 거품(수소가스)이 없어질 때까지 흔들어준다.

주의사항 0.5 g의 환원철을 튜브에 넣을 때는 정확한 양을 넣을 필요가 없으므로 대략적인 양을 스푼으로 넣어주면 된다. 0.5 g에 해당하는 스푼 용량을 미리 확인해야 한다.

⑤ 85°C에서 45분간 가열하면서 NO_3^-를 NH_4^+으로 환원시키고 수분을 증발시킨다. 이때 Condenser를 끼우지 않고 가열한다.

주의사항 분해할 때 처음 가열은 condenser를 끼우지 않고 200°C 이상 가열할 때부터는 condenser를 끼우고 가열한다. 하지만, condenser를 끼우지 않아도 무방하다.

⑥ 튜브를 상온까지 냉각시킨다.

⑦ 진한 H_2SO_4 3 mL를 넣는다.

⑧ (Condenser를 끼운 후) 1시간 동안 온도를 150°C → 200°C → 250°C → 300°C → 360°C로 천천히 올리고 360°C에서 약 5시간 동안 분해한다.

주의사항 분해기기 사용 시 자주 사용하는 온도와 시간을 셋팅 해두면 사용할 때 간편하다.

⑨ 튜브를 상온으로 냉각한 후 H_2O_2 2 mL를 트랜스퍼 피펫을 이용해 넣는다.

⑩ 8번과 동일하게 온도를 150°C에서 360°C까지 올려서 약 3시간 동안 가열한다.

⑪ 9, 10번 과정을 시료가 연녹색이나 연분홍색이 될 때까지 반복한다.

주의사항 분해기기의 중앙부분은 온도가 높고 바깥 부분은 온도가 낮으므로 튜브에 미리 번호를 붙여 구분한 후 분해되는 정도를 보면서 위치를 바꿔주는 것도 좋다.

⑫ 시료가 연녹색이나 회색이 되면 더 이상 H_2O_2를 넣지 말고 한 번 더 가열한 후 백연이 발생할 때 분해를 끝낸다(상온에서 방랭하면 회색으로 변한다).

⑬ 상온에 방치하면 침전물이 형성되기 때문에 vortex로 교란하여 침전물을 파쇄한 후 80 mL로 부피를 맞춘다.

6.5. 흑연 블록 분해대(Graphite block digester)

○ 고온에서 토양, 식물체, 액체 시료의 산 분해에 사용한다.

〈흑연 블록 분해대(Graphite block digester)〉

분해대 사용 예시

※ 수질 시료 부유물질 중 총인과 금속 분석을 위한 분해 예시는 다음과 같다.

1) 필요 시약

① 진한 질산(HNO_3)

② 진한 과염소산($HClO_4$)

③ 진한 불산(HF)

④ 2% 질산(HNO_3)

주의사항 불산은 유리를 녹이는 성질이 있으므로, 불산 용액 사용 시 유리 초자를 사용하지 않는다.

2) 실험방법

① 시료 약 0.5 g을 취하여(소수점 셋째 자리까지 무게 기록, 0.5 g이 안되면 전량 무게 기록하여 분석하기) 분해 용기에 넣고 흄후드내에서 진한 HNO_3 5 mL, 진한 $HClO_4$ 2.5 mL, 진한 HF 5 mL를 순서대로 첨가한다. 시료와 산 용액이 잘 혼합되도록 흔들어 준 후 분해 용기를 뚜껑을 잘 닫는다.

주의사항 순서대로 넣지 않으면 폭발 가능성이 있다.

② 분해 용기를 분해대에 놓고 80℃에서 1시간 동안 가열한 후 온도를 200℃까지 증가시켜 시료가 완전히 분해될 때까지 5시간 가열 후 완전히 분해되었는지 확인한다. 완전히 분해되면 포집관에 있는 용액을 분해 용기에 조심스럽게 부어 용액을 합친다.

주의사항 완전분해에 소요되는 시간은 실험 조건에 따라 다르다.

③ 만약, 5시간 동안 완전히 분해가 되지 않으면 200℃에서 재가열하며 확인한다. 재가열하여도 완전히 분해되지 않으면 진한 HNO_3 5 mL, 진한 $HClO_4$ 2.5 mL, 진한 HF 5 mL를 다시 첨가하여 가열한다.

주의사항 분해되는 동안 흑갈색의 가스가 발생하며, 완전히 분해되면 더 이상 가스가 발생하지 않으며, 맑은 용액이 된다.

④ 분해 후, 2% HNO_3 20 mL를 가하여 80℃에서 뚜껑을 열어놓은 채 24시간 가열하여 용액을 완전히 휘발시켜 HF를 제거한다. 이 때, 침전물이 생기는데, 침전물에 다시 2% HNO_3 20 mL를 가하여 80℃에서 1시간 동안 녹인다.

⑤ 완전히 식힌 후, 분해액을 5C(또는 42번) 여과지로 여과하여 침전물을 제거하고, 순수 용액을 분리한다.

주의사항 여과시 분해 용기를 2% HNO_3로 3회 세척하여 모두 여과한다. 또한, 산을 사용하기 때문에 실험대에 세이프 가드를 깔고 실험을 진행한다.

⑥ 여과된 분해액을 100 mL V-flask로 옮기고 2% HNO_3으로 mass-up한다.

⑦ 100 mL 광구병에 옮겨 담아 보관한다.

〈산 분해대〉

〈테프론 용기〉

〈불산 제거〉

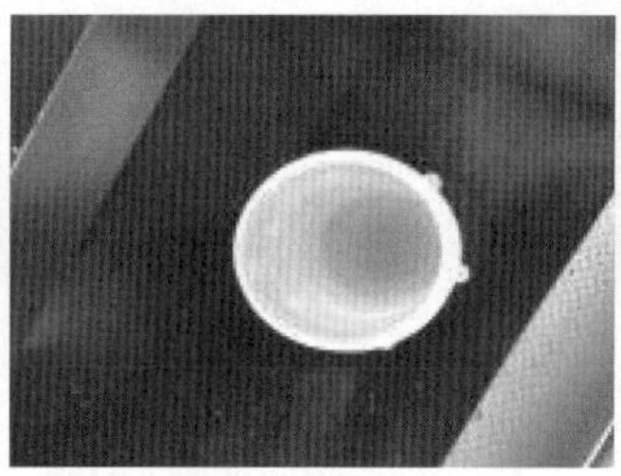

〈불산 제거 후 생긴 침전물〉

〈산 분해 후 여과〉

3) 테프론 용기 세척 방법

① 수돗물로 1차 세척 후 2% HNO_3 20 mL를 가한 후 뚜껑을 씌우고 80℃로 가열한다.

② 식힌 후 세척 후 증류수로 헹구고 건조한다.

4) 기기 조작 방법

① 기기 뒷면의 전원버튼을 킨 후 User prog를 선택한다.

② New method 선택하여 Sample volume, Mixing Add, Temperature 등을 기입한다.

주의사항 Temperature 기입 시 1분 입력 후 원하는 시간을 입력한다. 예를 들어, 80℃ 1시간 가열 시 80℃ 1분 → 80℃ 1시간으로 기입하여 조작한다.

③ Run-Start를 차례대로 누른다.

6.6. 수질 켈달 분해 장치(Water sample Kjeldhal digester)

○ 수질 시료 질소 분석 시 무기태 질소 증류 후 남아있는 유기태 질소를 고온에서 무기태 질소로 분해시킨다. 블록 분해대와 같은 용도로 사용할 수 있지만, 수질과 같이 시료양이 많을 때 사용한다.

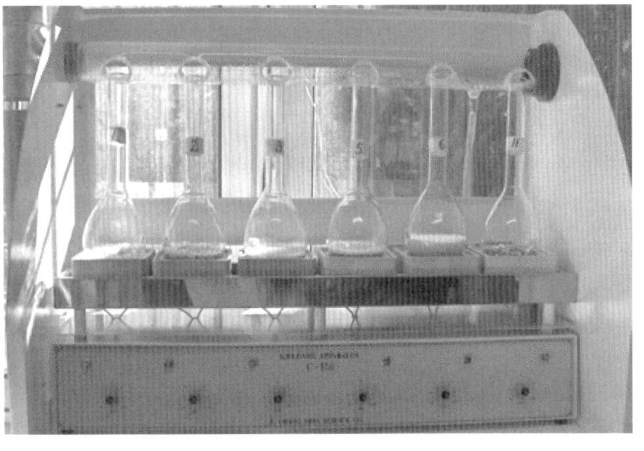

〈수질 켈달 분해 장치(Water sample Kjeldhal digester)〉

3장

기기 분석 원리

1 분광광도계(Spectrophotometer) 원리

1.1. 빛의 성질

○ 분광광도계는 시료 중 특정 성분(원소 또는 이온)이 특정 파장의 빛을 흡수 또는 방출하는 특성을 이용하는 분석 방법이다.

○ 분광광도계 원리를 이용하는 분석 기기는 분광광도계(Spectrophotometer), 원자흡수분광광도계(Atomic Absorption Spectrophotometer, AA), 유도결합플라즈마원자방출분광광도계(Inductively Coupled Plasma Atomic Emission Spectrophotometer, ICP) 등이 있다.

○ 빛은 입자와 파동의 성질을 모두 갖고 있다. 빛 파동의 길이를 파장이라고 하며, 단위 시간 동안의 파동의 수를 진동수라고 한다.

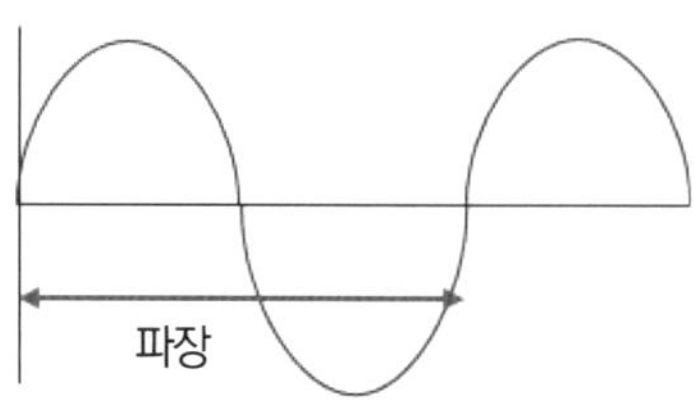

〈빛의 파장〉

○ 빛의 속도와 파장 그리고 진동수의 관계는 다음과 같다.

$c = \lambda \upsilon$

c : 빛의 속도, $2.998 \times 108\ m\ s^{-1}$

λ : 파장, m

υ : 진동수(주파수), s^{-1}

○ 빛 에너지는 진동수 또는 파장에 의해 결정되며, 그 관계는 다음과 같다. 이 식에 의하면 빛의 에너지는 파장에 반비례한다.

$E = h\upsilon = h(c/\lambda)$

E : 빛의 에너지

h : Planck 상수

○ 또한, 고유 파장의 빛은 고유의 에너지를 갖기 때문에 특정 원소는 특정 파장의 빛만 흡수한다. 즉, 각 원소마다 에너지 준위차가 다르기 때문에 특정 파장의 빛을 흡수하여 고에너지 준위로 이동하고, 저에너지 준위로 이동 시 특정 파장의 빛을 방출한다.

○ 따라서, 시료에 특정 파장의 빛을 비추면, 해당 파장의 빛을 흡수하는 원자가 빛을 흡수하여 시료를 통과하는 빛의 양이 감소하며(원자 흡광 원리), 반대로 시료에 에너지를 투입하여 원자를 들뜬 에너지 상태로 만들면 다시 바닥 상태로 돌아가면서 특정 파장의 빛을 방출한다(원자 방출 원리). 이렇게 흡수된 빛과 방출된 빛 양은 시료의 특정 원자의 농도와 비례한다.

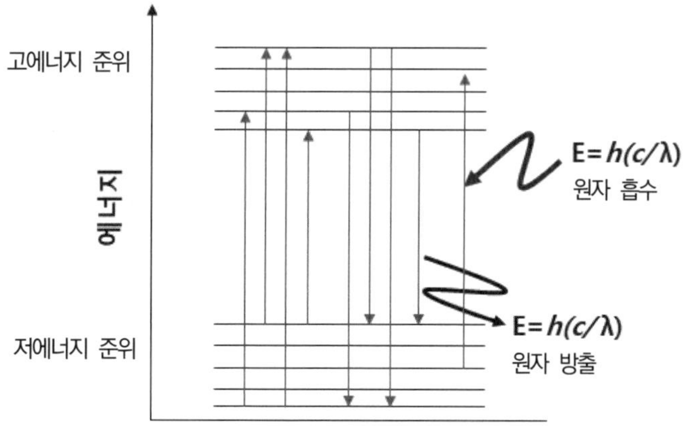

〈원자의 바닥 상태와 들뜬 상태〉

1.2. Beer-Lambert 법칙

○ Beer-Lambert 법칙은 시료의 빛 흡수량을 정량화하는 법칙으로, Beer의 법칙에 의하면 빛의 흡수량은 흡광체의 농도에 비례하고, Lambert의 법칙에 의하면 빛의 흡수량은 빛의 이동거리에 비례한다.

○ 빛의 투과도(T, Transmittance)는 초기 빛의 세기(Intensity 0, I_0)에 대한 투과된 빛의 세기(I)의 비율로 계산되며, 시료의 흡광도(Absorbance, A)는 T와 로그 함수 관계이다.

$$T = I/I_o$$

$$A = a \times C \times L = -\log(T) \quad (a: 상수,\ C: 농도,\ L: 길이)$$

○ 따라서, 투과도가 1이면 모든 빛이 투과된 것으로 흡광도는 0, 투과도가 0.1이면 초기 빛의 10%가 투과된 것으로 흡광도는 1, 투과도가 0.01이면 1%의 빛이 투과된 것으로 흡광도는 2로 계산된다.

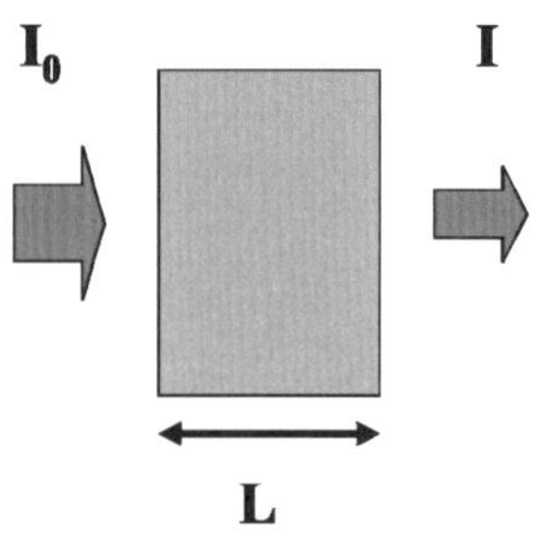

투과도(T)	흡광도(A)
1	0
0.1	1
0.01	2

〈빛의 투과도와 흡광도〉

○ 빛의 흡광도는 해당 파장의 빛을 흡수하는 물질의 농도에 비례하기 때문에, 물질의 농도를 분석할 수 있다.

2 크로마토그래피(Chromatography) 원리

○ 크로마토그래피 방법은 시료가 이동하는 이동상과 분석물질과 상호 작용하여 물질의 이동 속도를 조절하는 고정상 또는 정지상으로 구성된다.

○ 다양한 혼합물로 구성된 시료(이동상)는 정지상을 통과하면서 물질의 크기, 용해도, 전하량 등의 차이에 의해 개별 성분별로 분리된다. 그 원리는 검정색 볼펜을 휴지(정지상)에 표시한 후 휴지 끝을 물(이동상)에 담그면 물이 이동함에 따라 색소가 분리되는 것과 같다.

○ 크로마토그래피 원리를 이용하는 분석 기기는 가스 크로마토그래피(Gas Chroma -tography, GC), 이온 크로마토그래피(Ion Chromatography, IC) 등이 있으며, 원소분석기(Elemental Analyzer, EA)에서도 CO_2와 N_2 분자 분리에 GC 원리가 이용된다.

○ 이동상에 녹아 있는 시료의 성분 중 고정상과 친화력이 낮은 성분이 먼저 이동하여 용출되고, 친화력이 높은 성분은 나중에 이동하여 용출되어 물질별로 농도를 분석할 수 있다.

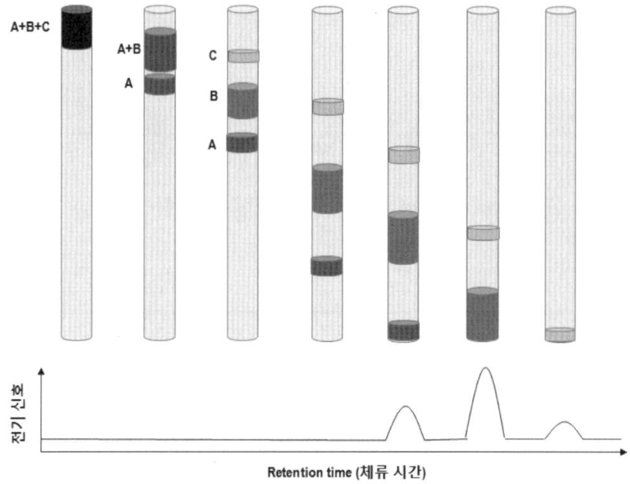

〈크로마토그래피(Chromatography)를 이용한 물질 분리 및 검출〉

3 검출기(Detector)

3.1. 검출기 원리

○ 기기분석은 성분의 종류와 상관없이 최종적으로 분석 성분을 검출기(Detector)로 검출하는데, 기본적으로 성분의 농도는 검출기의 전기 세기(전류 또는 전압)로 측정한다.

○ 이온 성분은 성분 자체가 전류를 형성하며, 다른 물질도 최종적으로 전자를 직접 생성하거나 전류를 형성할 수 있는 이온성 물질로 변환된다.

○ 분광광도계에서는 투과된 빛에 의해 전자가 생성되어 전류가 발생되는 광전효과(Photoelectric effect) 원리를 이용하여 물질의 농도를 측정한다.

○ 또한, 전류(A)가 약할 경우 저항(R)을 이용하여 전압(V)으로 신호를 증폭하여 검출하기도 한다.

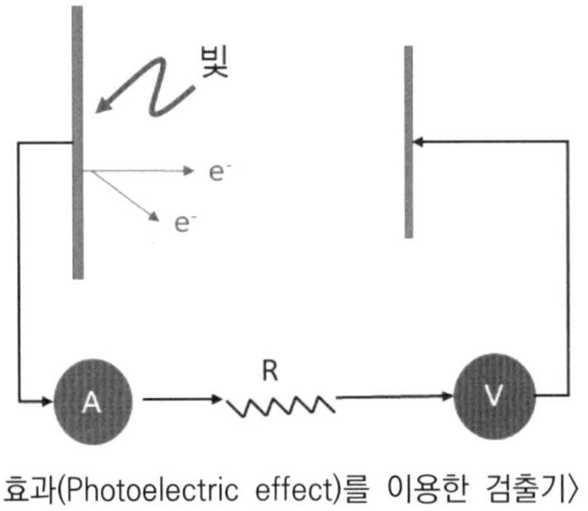

〈광전 효과(Photoelectric effect)를 이용한 검출기〉

3.2. 검출기 종류

○ 열전도도 검출기(Thermal Conductivity Detector, TCD)

- 원소분석기의 탄소와 질소 분석에 주로 이용된다.

- 열전도도는 한 물질이 뜨거운 곳에서 차가운 곳으로 열을 이동시킬 수 있는 능력의 척도이며, 전도도 셀은 운반기체 중 시료의 농도 변화에 따라 운반 기체의 열전도도 변화를 검출한다.
- 운반기체의 흐름 속에 텅스텐(W), 레늄-텅스텐(Re-W) 또는 백금(Pt) 필라멘트를 붙여 전류를 흘려주는데, 필라멘트에는 전류가 흐르고 있으므로 주위의 온도보다 높다. 필라멘트의 온도는 전류에 생기는 열량과 운반기체에 의해 빼앗기는 열량이 평형을 이루는 상태로 유지되는데, 전류가 일정하면 이것은 주로 필라멘트 주위의 열전도도에 비례한다. 만약, 운반기체에 시료가 혼합되어 열전도도가 변화하면 이것에 비례하여 필라멘트의 온도가 변화하며, 필라멘트의 온도가 변하면 필라멘트의 저항값이 달라진다.
- 즉, 칼럼에서 운반기체와 함께 시료 기체가 시료 쪽의 필라멘트에 충돌하면 그 필라멘트 주위의 열전도도가 변화하여 필라멘트의 온도를 알 수 있고, 저항값이 변화하여 출력전압이 발생하는데, 이 전압이 운반기체와 시료 기체의 농도에 비례하므로 농도를 알 수 있다.

○ 불꽃 이온화 검출기(Flame Ionization Detector, FID)

- 가스크로마토그래피에서 메탄(CH_4)을 포함한 탄화수소화합물 분석에 주로 이용된다.
- 칼럼에서 나온 시료는 수소와 공기 혼합물 내에서 연소되며, 이때 수소 불꽃 에너지에 의해 이온화가 일어난다. 탄소원자는 CH 라디칼을 생성하고 불꽃 속에서 CHO^+ 이온이 만들어진다($CH + O \rightarrow CHO^+ + e^-$).
- 생성된 CHO^+는 불꽃 위의 음극에서 전류 형성하는데, 탄소 원자 10^5개 중 약 1개의 이온이 형성되지만, 이온 형성은 탄소 원자의 수에 비례한다.
- FID는 O_2, CO_2, H_2O 및 NH_3에 대해서는 상대적으로 감도가 낮다.

○ 전자 포획 검출기(Electron Capture Detector, ECD)

- 온실 가스인 아산화질소(N_2O) 분석에 사용된다.
- ECD는 할로겐을 함유하고 있는 분자, 카르보닐, 니트릴, 니트로 화합물과 유기금속 화합물에는 민감하나 탄화수소, 알코올 및 케톤에는 상대적으로 감도가 낮다.
- 검출기로 들어가는 기체는 방사성 동위원소 ^{63}Ni 등에서 방출되는 고에너지의 전자(β선)에 의해 이온화되는데, 이때 생성된 전자는 양극 쪽으로 작고 안정한 흐름을 형성한다.

4

주요 분석 기기

4.1. 분광광도계(Spectrophotometer)

○ 주로 특정 성분 물질이 특정 화학반응에서 색깔을 나타내는 원리를 이용하는 비색법(colorimetric method)에 사용된다.

○ 대표적으로 반응성 질소(NH_4^+과 NO_3^-)와 수용성 인(P) 분석에 이용된다.

○ 가시광선 영역의 빛을 흡수하는 성분은 그 보색에 해당하는 빛의 파장을 반사하여 색을 나타낸다.

○ 예를 들면, 440-470 nm 파장의 빛을 흡수하는 물질은 오렌지색을 띠며, 580-620 nm 파장의 빛을 흡수하는 물질은 푸른색을 나타낸다.

○ 시료의 색깔이 진할수록 해당 성분 물질의 농도가 높아서, 해당 파장의 투과도는 낮아지고 흡광도는 높게 측정된다.

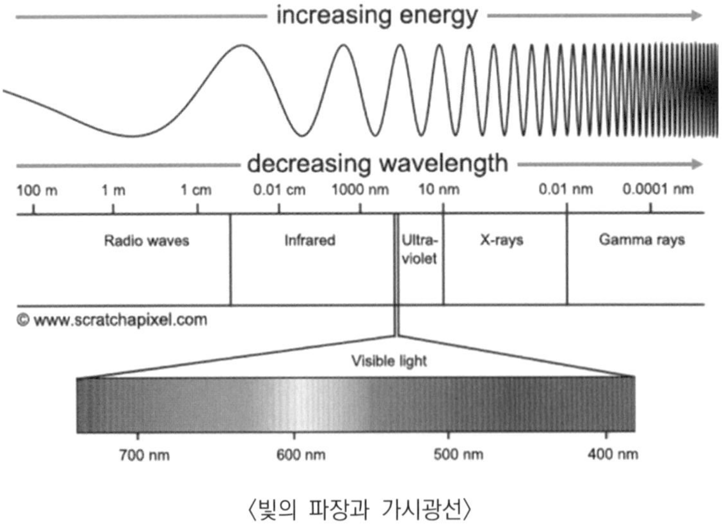

〈빛의 파장과 가시광선〉

가시광선 최대 흡수 파장별 관찰되는 색

최대 흡수 파장(nm)	흡수되는 색	관찰되는 색
380~420	보라색	초록색~노란색
420~440	보라색~푸른색	노란색
440~470	푸른색	오렌지색
470~500	푸른색~초록색	붉은색
500~520	초록색	빨간색
520~550	노란색~초록색	보라색
550~580	노란색	보라색~푸른색
580~620	오렌지색	푸른색
620~680	붉은색	푸른색~초록색
680~780	진한 빨간색	초록색

○ 작동 원리

- 광원에서는 100~1000 nm 정도에 해당하는 다양한 파장의 빛이 방출된다.
- 단색화 장치에서 특정 파장의 빛만 선택되어 시료로 방출된다.
- 빛이 시료 셀을 통과하여 분석 대상 물질에 의해 빛이 흡수된다.
- 흡수되지 않은 빛이 검출기에서 전기신호로 전환된다.

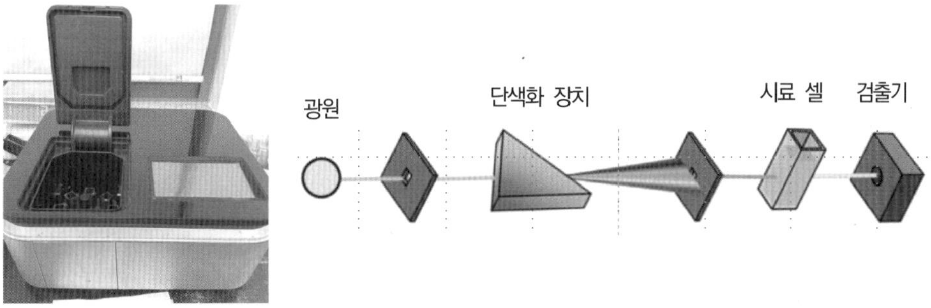

〈분광광도계(Spectrophotometer) 구조〉

4.2. 원자흡수분광광도계(Atomic Absorption Spectrophotometer, AA)

○ 고유 파장의 빛을 흡수하는 금속이온 농도 분석에 이용된다.

○ 중성원자운(Neutral atomic cloud)에 빛을 조사하면 원자는 빛, 즉 광자(Photon)를 흡수하여 바닥 상태에 있던 최외각 전자가 높은 에너지 준위로 전이(Transition)되어 들뜬 상태가 되며, 이와 같은 전자의 전이 현상을 원자흡수(Atomic absorption)라고 한다.

○ 원자의 최외각 전자가 전이할 때는 각 원자마다 고유한 에너지 준위를 이동하기 때문에 그 에너지 차이에 해당하는 파장의 빛만 흡수한다.

○ 시료를 고온의 버너에 분무하여 원자화시키고, 원자화된 시료에 특정 파장의 빛을 보내면 시료 농도에 비례하여 빛이 흡수되고 나머지 빛이 투과되어 검출된다.

○ 작동 원리

- 광원(Hollow cathode lamp)에서 특정 파장의 빛이 방출된다.
- 버너에서 시료가 고온 산화되어 분석 물질이 원자화된다.
- 검출기에서 투과된 빛이 전기신호로 측정된다.

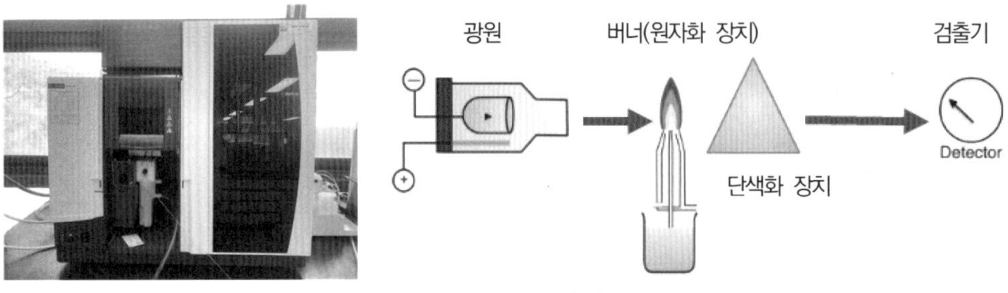

〈원자흡수분광광도계(AA) 구조〉

4.3. 유도결합플라즈마원자방출분광광도계 (Inductively Coupled Plasma Atomic Emission Spectrophotometer, ICP)

○ 고유 파장의 빛을 방출하는 원소(주로 금속 이온과 인) 분석에 이용된다.

○ 유도결합플라즈마: 플라즈마는 고농도의 양이온과 전자를 포함하는 전도성 기체 혼합물로 양이온과 전자의 농도는 알짜 전하가 0에 가깝다. ICP 분석용 아르곤 플라즈마 중에는 주로 아르곤 이온과 전자가 전도성 화학종이고, 시료로부터 생긴 양이온이 일부 존재한다. 플라즈마에서 생성된 아르곤 이온은 외부 광원으로부터 충분한 에너지를 받아들여 이온화 과정이 계속 일어나 플라즈마를 지속적으로 지탱해 주는 10,000 K 정도의 고온이 발생한다.

○ 고온에서 원자화되어 들뜬 상태로 전이된 원자가 흡수했던 에너지를 방출하여 바닥 상태로 돌아올 때 원자별로 특정 파장의 빛을 방출하며, 그 빛의 세기를 측정하여 해당 원소의 농도를 분석한다.

○ 원자흡수분광광도계와 달리 2가지 이상의 원소를 동시에 분석 가능하다.

○ 작동 원리

- 플라즈마에서 원자화된 시료가 들뜬 상태가 되고 바닥 상태로 전이되면서 시료에 포함된 원소의 종류별로 다양한 파장의 빛이 방출된다.
- 파장 선택 장치에서 분석 대상 원소에 해당하는 특정 파장의 빛이 선택된다.
- 검출기에서 빛의 세기를 측정하여 해당 원소의 농도를 분석한다.

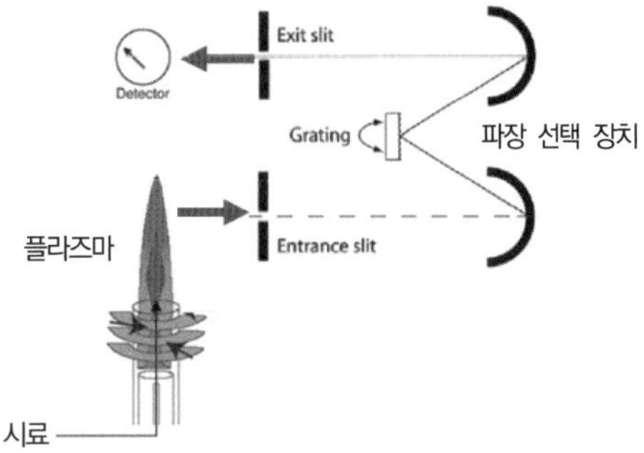

〈유도결합플라즈마원자방출분광광도계(ICP) 구조〉

4.4. 가스크로마토그래피(Gas Chromatography, GC)

○ 이론

- 가스 형태의 분자(CO_2, CH_4, N_2 등)와 휘발성 탄화수소 화합물 분석에 이용된다.
- 가스크로마토그래피는 정지상으로 액체를 쓰는 기-액 분배 크로마토그래피(Gas-liquid partition chromatography)와 흡착능을 가지는 고체를 정지상으로 사용하는 기-고 흡착 크로마토그래피(Gas-solid adsorption chromatography)로 구분된다.

○ 기-액 분배 크로마토그래피는 규조토와 같은 담체에 비등점이 높은 액체 또는 액화되는 고체를 합침한 것을 컬럼에 충전하여 정지상으로 사용한다.

- 시료 성분 분자가 운반기체와 함께 이동할 때 그 일부는 액체에 용해되어 분배평형에 도달한다.
- 시료는 이 분배평형을 반복하면서 칼럼 속을 흐르고 분배계수(이동상과 정지상 중의 성분의 농도 분배 비율)가 작은 것부터 순차적으로 분리되어 칼럼의 출구에 도달한다.
- 이 칼럼의 출구에서의 농도 변화를 검출기로 측정하여 시료 속의 성분과 농도를 분석한다.

- 기-액 분배 크로마토그래피는 아주 많은 종류의 액상 성분을 선택할 수 있으므로 많은 유기화합물의 분리 분석에 널리 응용된다.
- 액체 성분을 가는 모세관에 도포한 것을 정지상으로 사용함으로써 극미량 성분을 효율적으로 분석할 수 있는 이점이 있다.

○ 기-고 흡착 크로마토그래피는 활성탄, 알루미나, 실리카겔 분자체 등과 같이 흡착 활성이 큰 고체를 정지상으로 사용한다.
- 무기 및 탄화수소 기체 등의 분석에 사용되지만, 극성이 큰 성분은 강하게 흡착되므로 분리가 어렵다.

○ 작동 원리
- 이동상(가스)이 흐르는 조건에서 시료 주입한다.
- 정지상 칼럼에서 성분 물질별로 체류 시간이 다르게 분리된다.
- 검출기에서 측정되어 크로마토그램으로 변환된다.

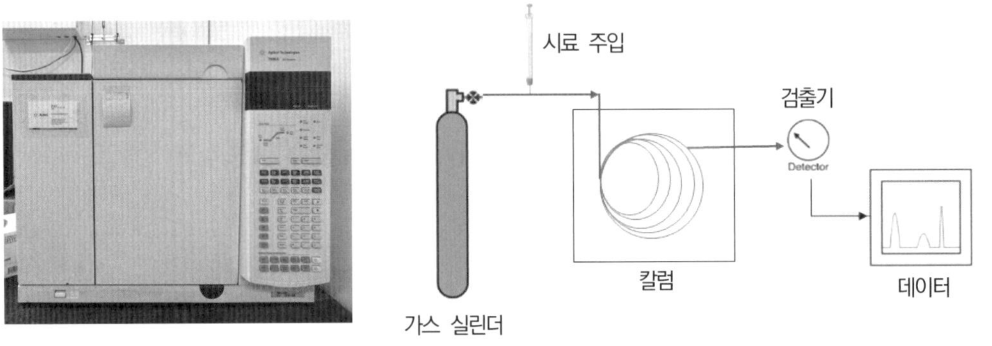

〈가스크로마토그래피(GC) 구조〉

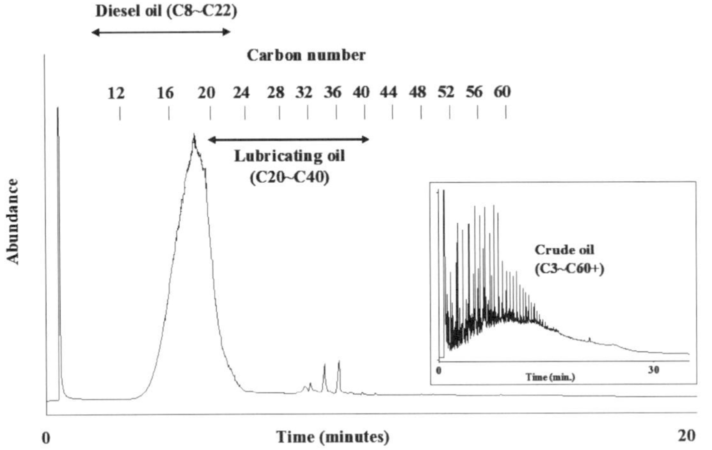

〈가스크로마토그래피(GC)로 분석한 석유화합물 크로마토그램〉

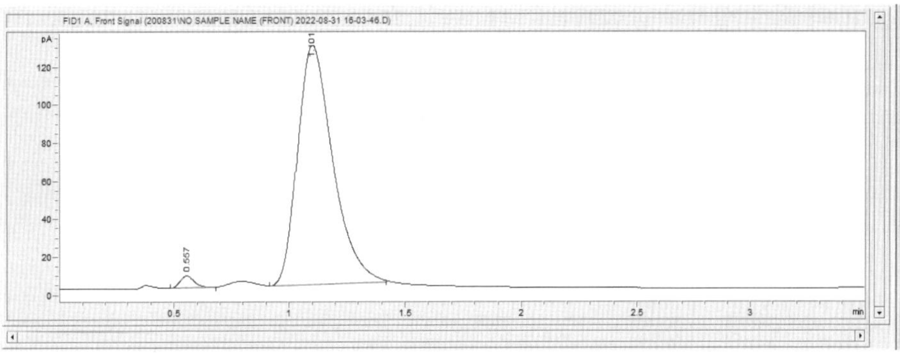

〈가스크로마토그래피(GC)로 분석한 CO_2와 CH_4 크로마토그램〉

GC 분석 매뉴얼

(본 사용법은 예시이니, GC의 자세한 설정이나 시료 분석값 보정 등의 방법은 사용하는 GC 및 관련 프로그램의 매뉴얼을 참고한다.)

✸ **기기 모델:** Agilent 7890A GC System, Agilent Technologies, USA

1) 가스(H_2, N_2, O_2) 켜기

① N_2와 O_2의 경우, 가스 실린더의 가스가 충분한지 확인한 후 밸브를 연다.

② H_2의 경우, H_2 안전캐비넷을 이용하여 다음의 순서대로 밸브를 연다.

- H_2 안전캐비넷의 상단 뚜껑을 열어 스위치를 On으로 올린다.
- 패스워드를 입력한다.
- “MENU” → “CONFIGURATION” → “READY(11번)”를 차례대로 터치한 후, “MAIN”을 눌러서 상태 기기를 표시하는 빨간불이 켜졌는지 확인한다.
- “MENU” → “PROCESS GAS” → (1차) “YES” → (2차) “YES”를 차례대로 터치하여 H_2 실린더의 밸브를 열 수 있게 설정한다.
- H_2 안전캐비넷의 하단 문을 열어 H_2 실린더의 밸브를 “1(노란색 바탕의 숫자)”이 보일 때까지 연다.
- 터치화면의 “YES”를 누른다.

2) GC 설정 및 시료 분석

① GC의 우측 하단에 있는 전원 버튼을 눌러 기기의 전원을 켜고, 컴퓨터의 GC 프로그램을 실행한다.

② GC의 좌측 설정키 중 “OVEN”, “FRONT INLET”, “FRONT DEC”, “AUX TEMP”를 차례대로 누르며 설정 온도를 확인하고 “ON”을 누른다.

③ GC의 설정이 모두 완료되어, 분석 “READY(프로그램 내 초록불 점화)” 상태가 되면 시료 분석을 시작한다.

④ 시료 바이얼에서 기체 시료 1 mL를 시린지로 채취한 후, 시린지의 잠금 기능을 이용하여 기체가 유실되지 않도록 한다.

⑤ GC 주입구에 시린지의 바늘이 완전히 다 들어가도록 꽂은 후, 시린지의 잠금 기능을 해제하고 기체 시료를 주입한다.

주의사항 GC 주입구를 통해 기체 시료가 주입된 순간부터 기기 내에서 기체가 흐르므로, 손실 없이 검출기가 기체 시료를 검출하고 정확한 농도를 분석하기 위해서는 기체 시료 주입부터 ⑥번까지 과정을 최대한 빠르게 진행한다.

⑥ 시린지를 GC 주입구로부터 완전히 제거한 후, “START” 버튼을 눌러 분석을 시작한다.

3) GC 끄기

① 2번의 ① 순서와 동일하게 GC의 좌측 설정키 중 “OVEN”, “FRONT INLET”, “FRONT DEC”, “AUX TEMP”를 차례대로 누르며 “OFF”를 눌러 설정을 종료한다.

② GC의 좌측 설정키 중 “FRONT INLET”을 눌러 2번째 순서에 있는 “Total Flow”에 커서를 두고(▼키 이용) “OFF”를 눌러 GC로의 가스 공급을 종료한다.

③ H_2 안전캐비넷의 터치화면에서 “PROCESS STOP”을 눌러 H_2 밸브를 잠근다.

④ N_2와 O_2 실린더의 밸브를 잠근다.

⑤ H_2 안전캐비넷의 상단 뚜껑을 열어 전원 스위치를 Off로 내린다.

주의사항 H_2 안전캐비넷의 안전한 운영을 위해 반드시 N_2 실린더의 밸브를 잠근 후, H_2 안전캐비넷의 전원을 끈다.

⑥ 컴퓨터의 GC 프로그램을 종료하고, GC의 우측 하단에 있는 전원 버튼을 눌러 기기의 전원을 끈다.

4.5. 원소분석기(Elemental Analyzer, EA)

○ 기초 이론

- 토양과 식물체 시료 또는 기타 고상 시료 중의 탄소와 질소 농도 분석에 이용된다.
- 시료를 산화하여 발생한 다양한 가스 종을 정제 분리하여 최종적으로 탄소와 질소 농도를 분석한다.

○ 작동 원리

- 산소가 흐르는 고온 조건에서 시료를 연소하여 산화관에서 발생한 가스 종(N_2, NO, N_2O, CO_2, CO, H_2O)을 환원관에서 정제(N_2, CO_2, H_2O)한 후, H_2O를 제거한다.
- 최종적으로 CO_2와 N_2가 GC 칼럼으로 들어가서, CO_2와 N_2가 분리되어 순차적으로 TCD로 검출된다.

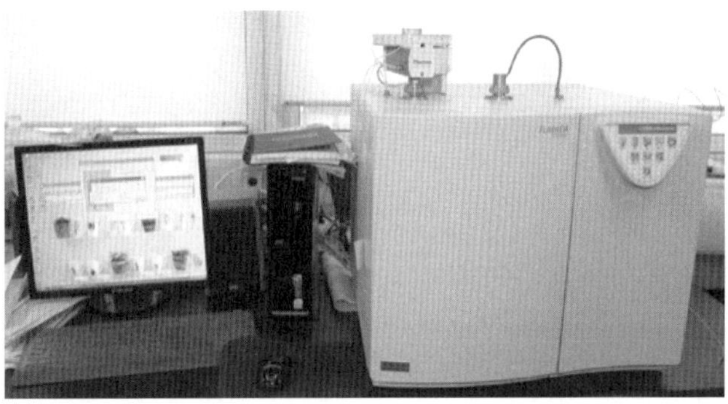

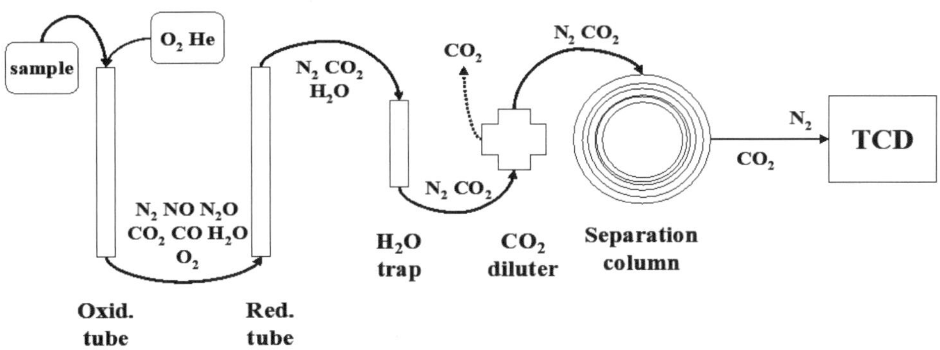

〈원소분석기(EA) 구조〉

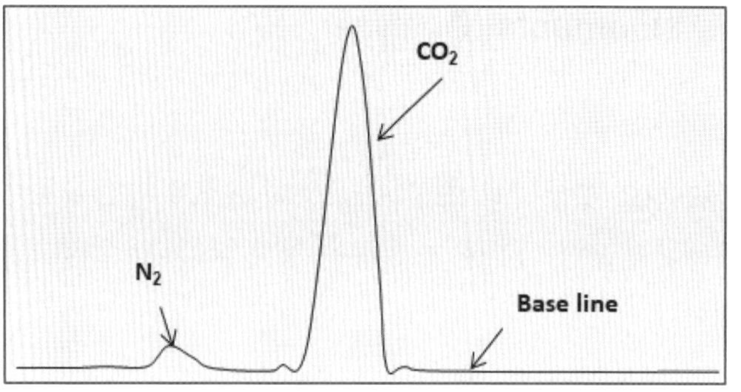

〈원소분석기로 분석한 질소(N_2)와 탄소(CO_2)크로마토그램〉

EA 분석 매뉴얼

(본 내용은 예시이니, 상세한 분석 방법은 해당 기기 매뉴얼에 따른다.)

✸ 기기 모델: Flash EA 1112, Thermo Fisher Scientific Inc., Netherland

1) 전원 켜기

① He과 O_2 가스 실린더의 가스 양이 충분한지 확인한 후 밸브를 연다.

② EA 기기의 뒤편에 있는 전원 스위치를 "On"으로 올려 전원을 켠다.

③ 컴퓨터의 EA 프로그램을 실행한다.

④ 프로그램의 "Edit Elemental Analyzer Parameters" - "Flow/Timing" 과 "Detector"를 통해 가스 공급 여부 및 검출기 전원 상태를 확인한다.

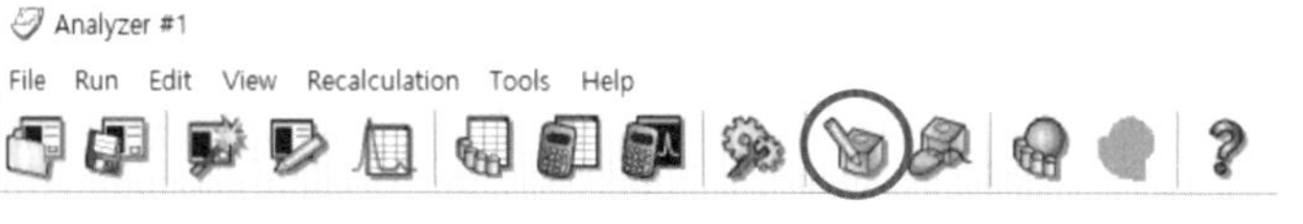

〈"Edit Elemental Analyzer Parameters" 아이콘〉

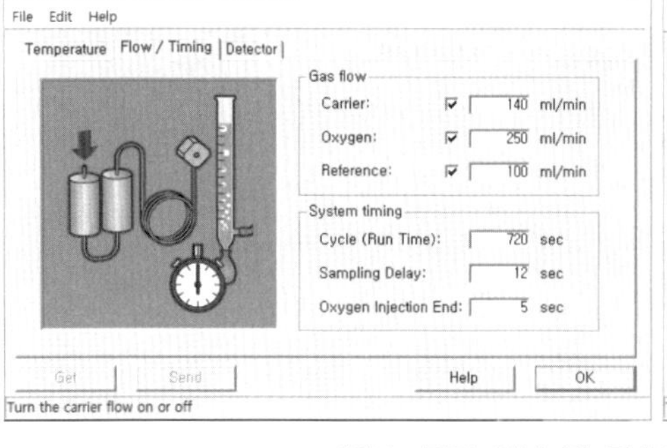

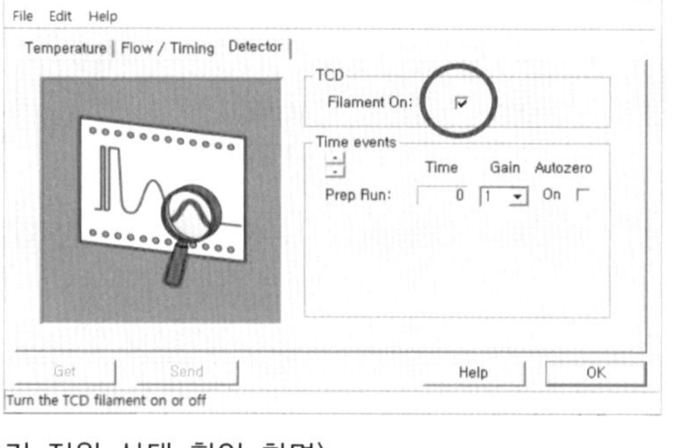

〈가스 공급 여부 및 검출기 전원 상태 확인 화면〉

2) EA 설정

① 가스의 Leak test 전 "Edit Elemental Analyzer Parameters" 기능을 이용하여 산화관(Left Furnace)과 환원관(Right Furnce)의 온도는 각각 400℃, 오븐(Oven)의 온도는 50℃로 설정한다.

주의사항 반드시 "Send" → "Get" → "OK" 순서로 눌러야 온도가 제대로 설정된다.

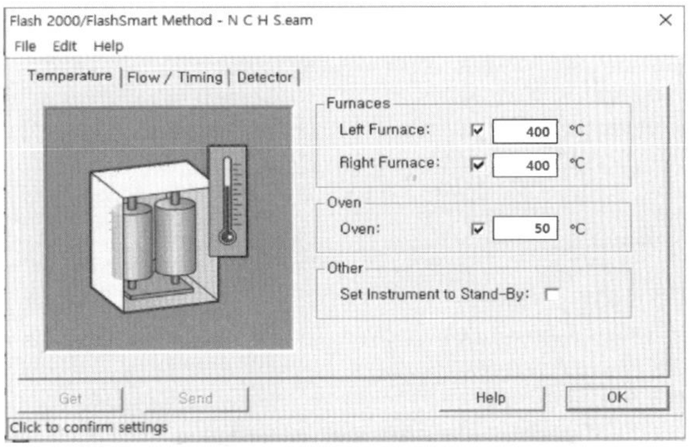

〈산화관, 환원관, 오븐의 온도 설정 화면〉

② 산화관, 환원관, 오븐의 온도가 설정 온도에 도달하는 동안 분석을 위한 기기 설정 및 결과 등이 저장될 컴퓨터 폴더(가급적 폴더명은 분석 날짜로 설정)를 생성하고, 다음의 순서대로 "Method" 파일을 저장한다.

- "Load method" 아이콘을 클릭하여 기존의 "Method" 파일 불러오기. 일반적으로, EA 기기 구매하면 기본적인 설정이 저장된 "Method" 파일(파일명 예: NC system.mth)을 불러온다.

〈"Load method" 아이콘〉

- "Save method" 아이콘을 클릭하여 불러온 "Method" 파일을 새로 생성한 컴퓨터 폴더에 저장한다.

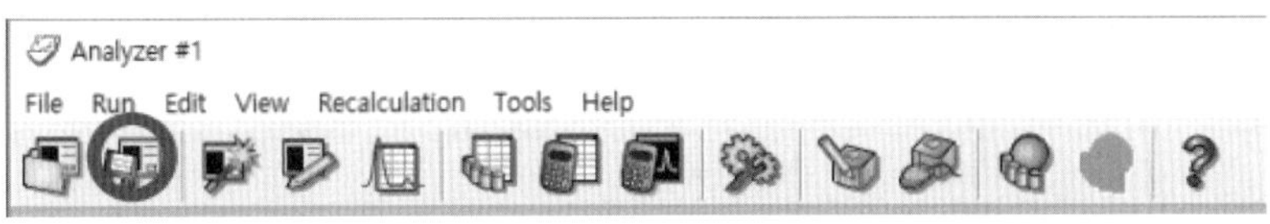

〈"Save method" 아이콘〉

③ EA 프로그램의 "View Elemental Analyzer Status" 화면에서 온도 도달 상태를 확인(우측 하단의 초록불 점화 및 "Ready" 기입 표기 확인)한 후, "General" - "Leak test" 기능을 통해 가스 누출 여부를 확인한다. 이 때, Leak test 화면을 통해 "Carrier flow"와 "Reference flow"가 모두 설정한 값으로 흐르고 있는지 확인한 후, "Start" 버튼을 누른다. "Leak test time"이 300초 이내에 "Carrier flow"가 0에 도달해야만 가스 누출이 없음을 의미한다.

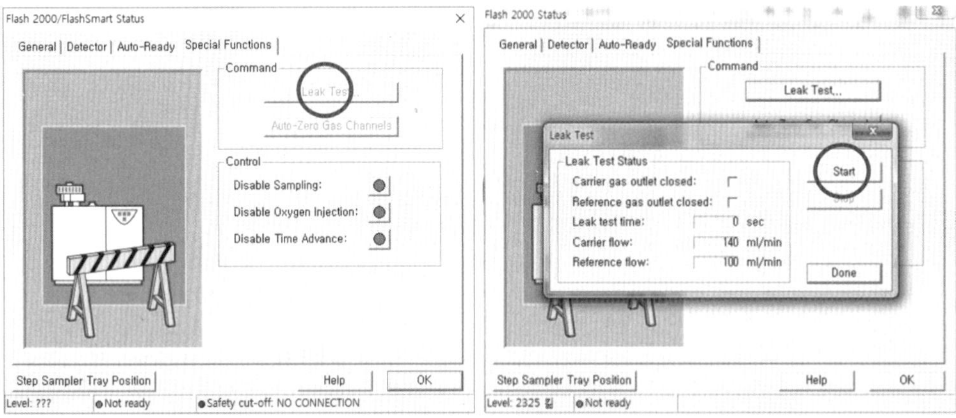

〈"Leak test" 설정 화면〉

④ "Leak test"를 통해 가스 누출 여부를 확인한 후, "Edit Elemental Analyzer Parameters" 기능을 이용하여 산화관(Left Furnace)의 온도는 900℃, 환원관(Right Furnace)의 온도는 840℃, 오븐(Oven)의 온도는 50℃로 설정한다.

주의사항 반드시 "Send" → "Get" → "OK" 순서로 눌러야 온도가 제대로 설정된다.

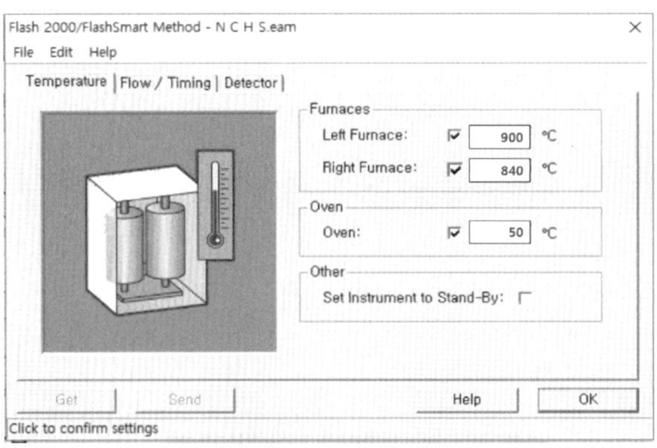

〈"Leak test" 통과 후 산화관, 환원관, 오븐의 온도 설정 화면〉

⑤ 산화관과 환원관의 온도가 설정 온도에 도달하는 동안 다음을 참고하여 Sample table을 작성한다.

- "Sample table" 아이콘을 클릭하여 Sample name, Filename, Type, Standard name, Weight을 기입할 수 있다.
- 일반적으로 "Sample name"을 기록하면 차례로 "Filename"이 자동 기입된다.
- Type에는 Bypass, Blank, Std, Unk 종류가 있으며, 각 종류는 다음과 같은 의미를 갖는다.
  * Bypass: 기기 내부 오염 물질를 연소시키기 위해 Tin capsule 없이 분석
  * Blank: 시료가 없는 빈 Tin capsule 분석
  * Std: 결과 보정을 위한 표준물질(예, BBOT) 분석
  * Unk: 결과를 알고자 하는 시료 분석
- 시료 분석 절차는 가급적 "Bypass(5회) - Blank(1회) - Bypass(1회) - Std(4-5회) - Unk(검정곡선 정확도 확인용, 2-3회) - Unk(시료)" 순으로 진행해야 하므로, 이에 맞게 Sample table을 작성한다.
- Sample name이 기입되지 않은 빈 줄이 있을 경우, 분석이 중단되니 주의한다.

〈"Sample table" 아이콘〉

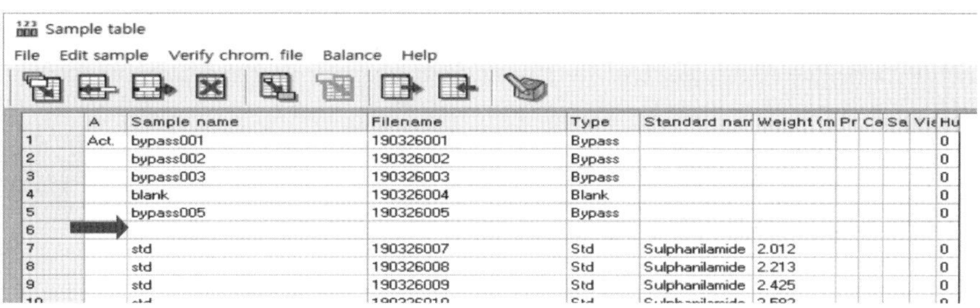

〈"Sample table" 화면〉

⑥ EA 프로그램의 "View Elemental Analyzer Status" 화면에서 온도가 설정 온도에 도달하였는지(우측 하단의 초록불 점화 및 "Ready" 기입 표기 확인) 여부를 확인하고, 온도 설정을 한 후 1-2시간이 지나 기기가 안정화되면 다음을 참고하여 검출기(TDC)의 level을 자동 조정한다.

주의사항 반드시 ④번의 온도 설정 단계 이후 1-2시간이 지나 기기가 안정화되어야만 검출기의 level을 조정할 수 있다.

- "View Elemental Analyzer Status" - "Detector" - "Auto-Adjust Level at 1000 μV" 기능을 통해 TDC의 level을 자동 조정할 수 있다.

〈"View Elemental Analyzer Status" 아이콘〉

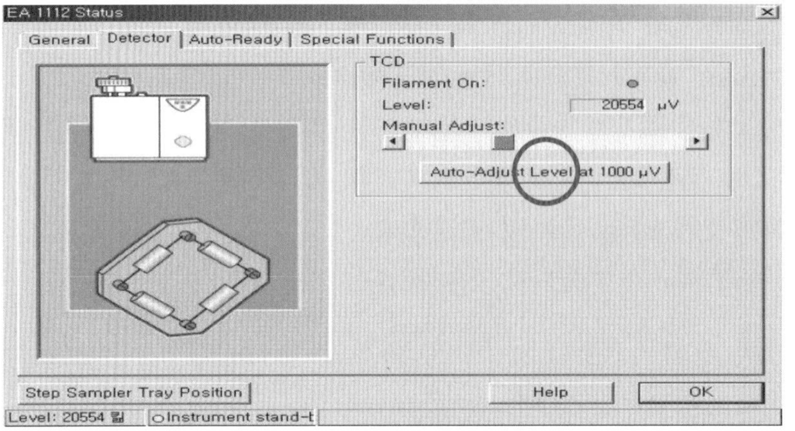

〈"Auto-Adjust Level at 1000 μV" 기능을 통한 TDC level 자동 조정 화면〉

⑦ "Bypass(5회) - Blank(1회) - Bypass(1회)"에 해당하는 시료를 차례로 Auto-sampler에 주입하고, 분석을 시작한다.

주의사항 마지막 1회의 Bypass 분석이 완료되면 분석의 Retention Time을 설정해야 하므로, 분석이 자동 종료될 수 있도록 Sample Table의 "Bypass" 아래에 빈 줄을 생성해놓도록 한다.

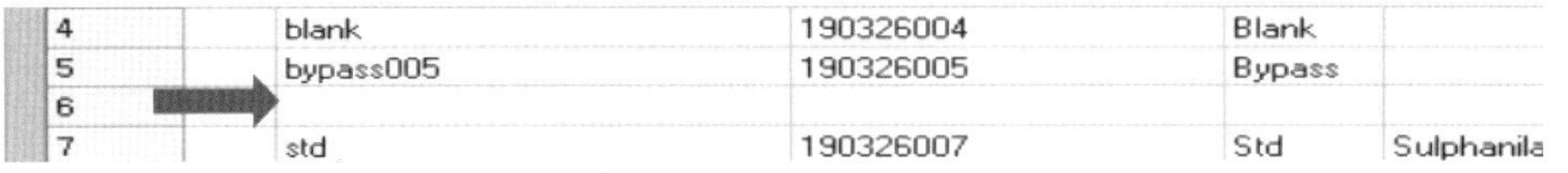

4		blank	190326004	Blank	
5		bypass005	190326005	Bypass	
6					
7		std	190326007	Std	Sulphanila

〈Bypass 아래 빈줄 생성 화면〉

⑧ "Component Table" - "Peak Identification" 기능을 이용하여 Rentention Time을 확인한다.

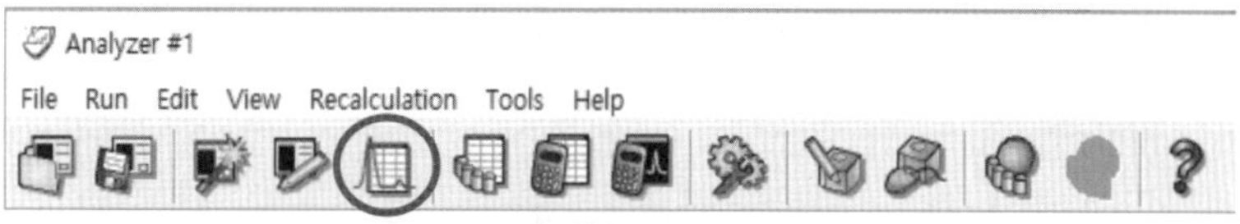

〈"Component Table" 아이콘〉

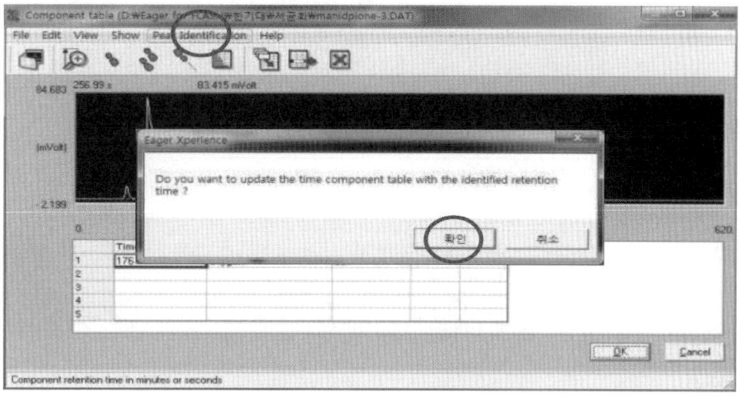

〈"Peak Identification"을 통해 Rentention Time 확인 화면〉

3) 표준물질을 이용한 검정곡선 작성 및 시료 분석

① "Std(4-5회) - Unk(검정곡선 정확도 확인용, 2-3회)"에 해당하는 시료를 차례로 Auto-sampler에 주입하고, 분석을 시작한다.

- 표준물질 시료의 무게는 2-3 mg 사이, 0.2-0.3 mg 차이로 한다.
  (예, 1.5 mg, 1.7 mg, 1.9 mg, 2.2 mg, 2.5 mg)
- 검정곡선 정확도 확인용 Unk 시료는 사용한 표준물질 시료를 이용하여, 제작한 표준물질 시료의 무게 범위 내로 2-3개 제작한다. (예, 1.8 mg, 2.1 mg, 2.3 mg)

② "View Calibration Curve" 기능을 이용하여 작성된 검정곡선을 확인한다.

- "Component"에서 분석하고자 하는 원소(예, 질소, 탄소)를 클릭하여 각 원소의 검정곡선을 모두 확인해야 한다.

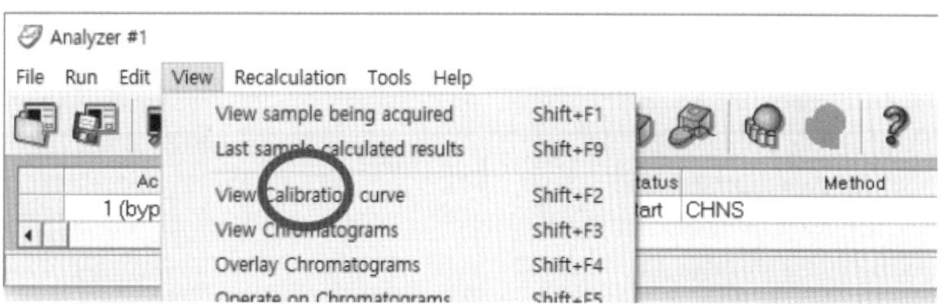

〈"View Calibration Curve" 기능 사용 화면〉

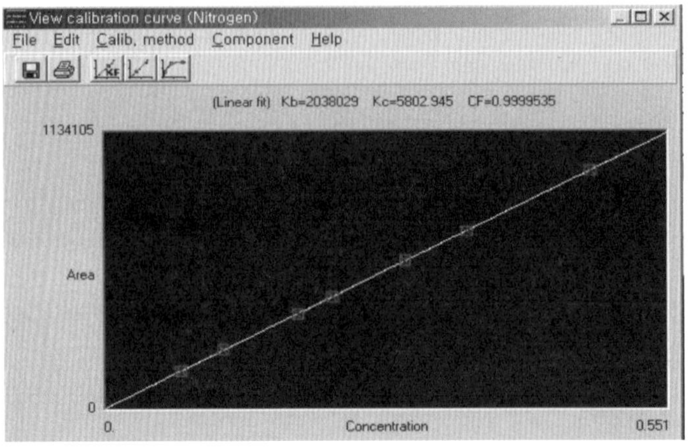

〈작성된 검정곡선 확인 화면: 분석값(□)이 선 중앙 부근에 위치하는지 확인〉

③ 검정곡선을 확인하고 나면, 시료 분석에 알맞게 Sample table을 작성하고 시료를 분석한다.

4) EA 끄기

① "Edit Elemental Analyzer Parameters" 기능을 이용하여 산화관(Left Furnace)과 환원관(Right Furnce)의 온도는 각각 400℃, 오븐(Oven)의 온도는 50℃로 설정한다.

주의사항 반드시 "Send" → "Get" → "OK" 순서로 눌러야 온도가 제대로 설정된다.

② EA 프로그램의 "View Elemental Analyzer Status" 화면에서 온도 도달 상태를 확인(우측 하단의 초록불 점화 및 "Ready" 기입 표기 확인)한 후, "Set Instrument to Stand-By"를 체크하여 1시간 이상 기기를 안정화시킨다.

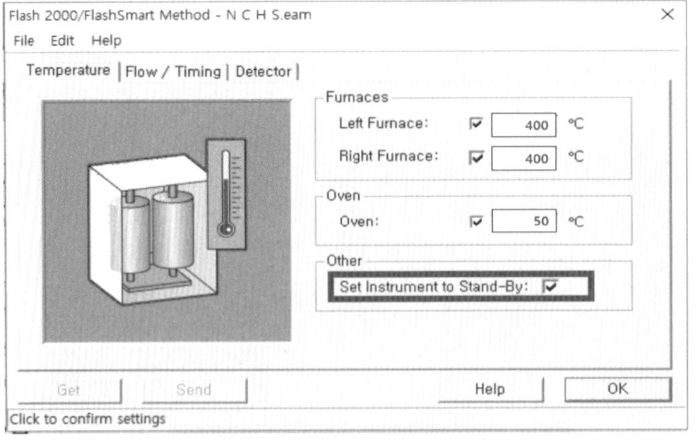

〈"Set Instrument to Stand-By" 기능을 통한 기기 안정화 설정 화면〉

③ 1시간 이상이 지난 후, 컴퓨터 프로그램을 종료하고, EA 기기의 뒤편에 위치한 전원 스위치를 "Off"로 내린다.

④ He과 O_2 가스 실린더의 밸브를 잠근다.

4.6. 안정동위원소비질량분석기 (Stable Isotope Ratio Mass Spectrometer, IRMS)

○ 기초 이론

- 토양과 식물체 시료 또는 기타 고상 시료 중의 탄소와 질소 동위원소비 분석에 이용된다.
- 주로 원소분석기에서 시료를 전처리한 후 순수한 N_2와 CO_2에 대하여 동위원소비를 분석한다.

○ 작동 원리

- 주입된 가스 시료는 Ion Source에서 전자(e^-)와 충돌하여 양전하 이온(N_2^+, CO_2^+)으로 변환되며, 양전하 이온은 Ion Beam을 형성하며 전압 차이에 따라 자기장 영향에 의해 직선으로 가속 운동한다.
- 자기장에 의해 Ion Beam이 곡선을 그리며 진행하게 되는데, 이때 곡률 반경(R)은 전하량(Z)과 질량(M)의 비율에 의해 달라진다.

  $M/Z = (B^2R^2)/2V$ (B: 자기장, R: 곡률 반경, V: 속도)

- 따라서, 질량이 큰 양전하 이온의 곡률 반경이 더 크게 되어 Ion Beam이 분리된다. 예를 들면 N_2의 경우, 질량 28(^{14}N+^{14}N), 29(^{14}N+^{15}N), 30(^{15}N+^{15}N)에 따라 곡률 반경이 달라져서 제일 무거운 $^{30}N_2$가 가장 바깥쪽 검출기(Faraday Collector)로 들어가고, 가장 가벼운 $^{28}N_2$가 가장 안쪽 검출기로 들어가서 전류를 형성하여 질량별로 분석된다.

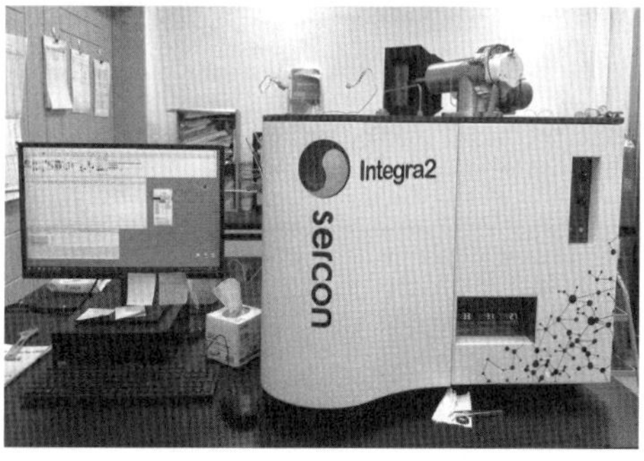

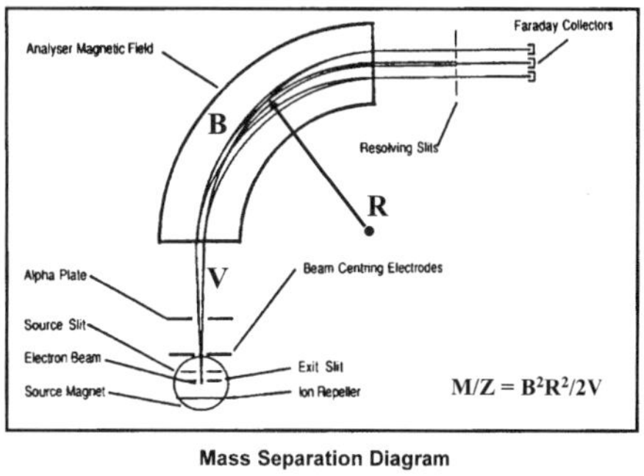

Mass Separation Diagram

〈안정동위원소비질량분석기 구조〉

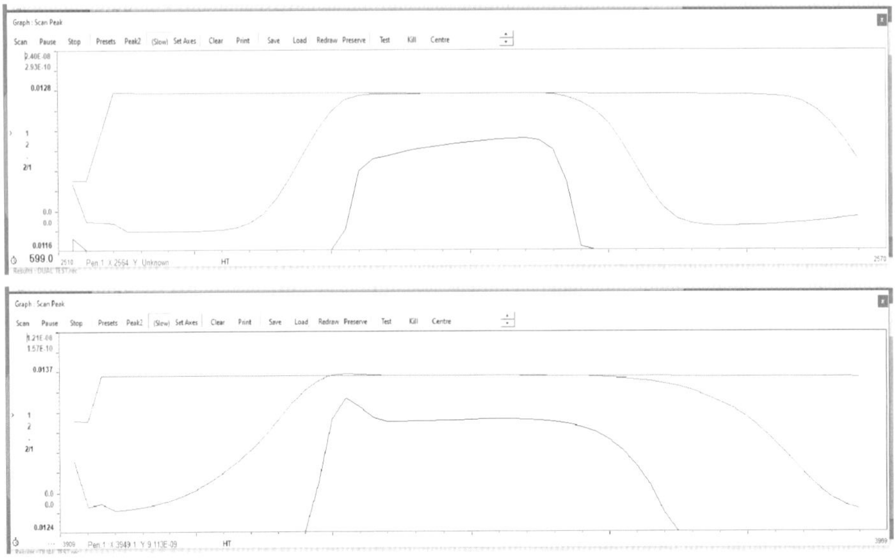

〈안정동위원소비질량분석기로 분석한 탄소(CO_2)와 질소(N_2) 동위원소비 크로마토그램〉

IRMS 분석 매뉴얼

(본 내용은 예시이니, 상세한 분석 방법은 해당 기기 매뉴얼에 따른다.)

✸ 기기 모델: Integra 2, Sercon Ltd., UK

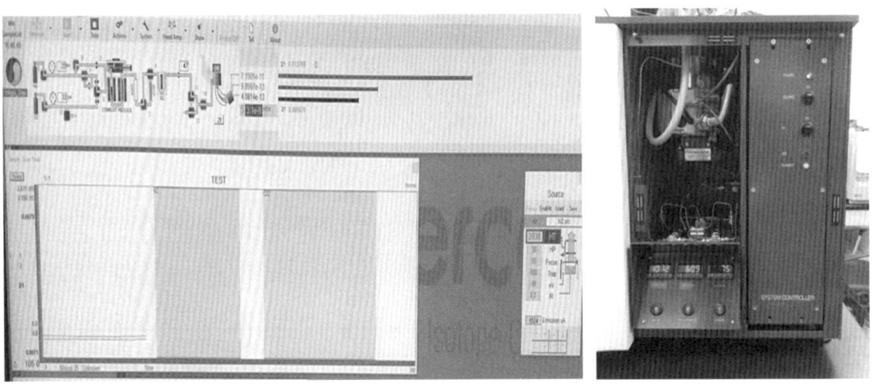

〈(좌) 프로그램 메인 화면, (우) 기기 본체 Controller〉

1) 전원 켜기

① PC power ON

② 프로그램 On: 화면의 Gas flow/valve 확인(초기 상태는 Valve가 모두 파란색)

③ Gas, 압축공기, 전원 상태 등 확인

④ Main ON, Electronics ON

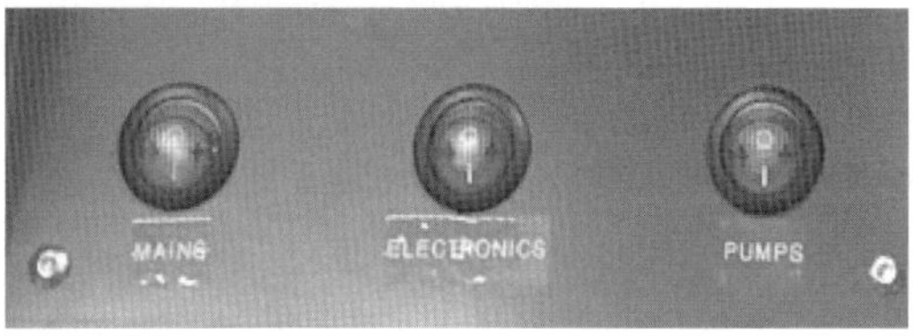

⑤ Source: “Load”에서 “Standby”

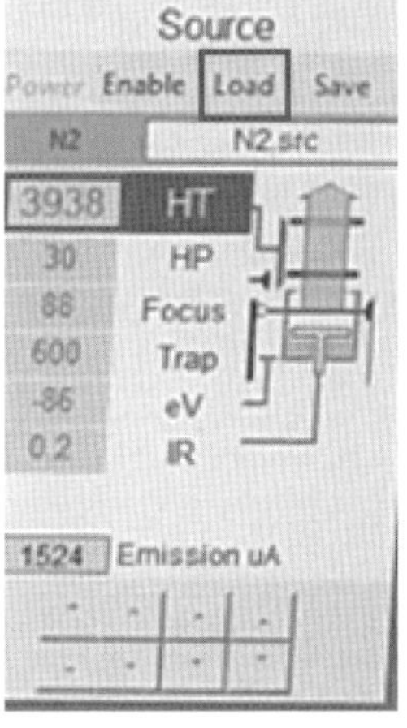

⑥ “Action” → “Check Pump Speed” : 0 확인

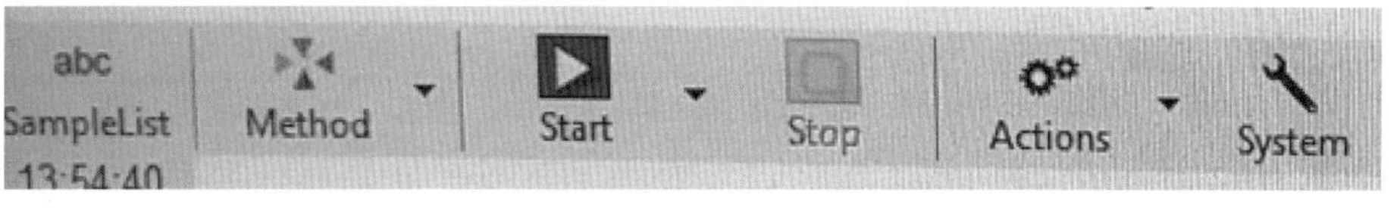

⑦ “Pump” ON : → 91K rpm까지 상승

⑧ Combustion, Reduction, GC oven 온도 설정
(왼쪽 * 누르고 설정: 순서대로 1000, 600, 75도)

⑨ Ion gauge 10^{-8} mbar로 떨어질 때까지 Waiting: 1-2일 소요

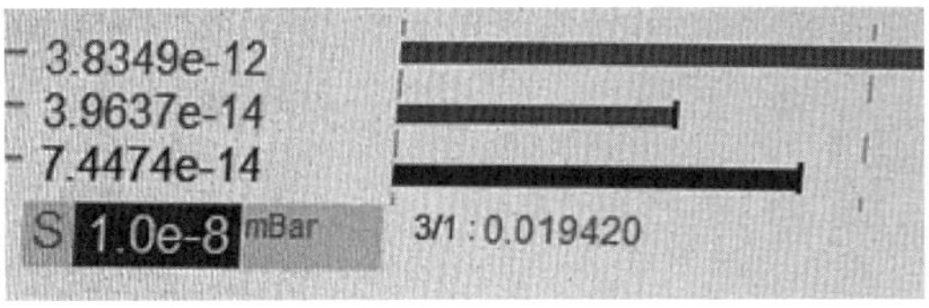

⑩ "Source" ON → "HT" ON

⑪ Leak test(별도 설명)

⑫ Source Tuning(Peak centering) 후 분석 진행(별도 설명)

2) Gas flow 형성

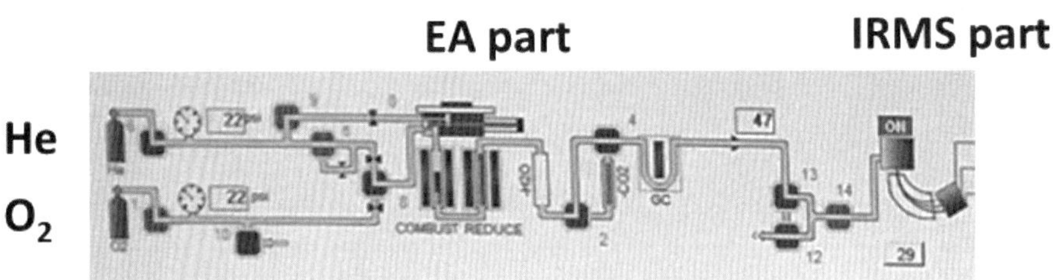

① Gas flow는 파란색 또는 빨간색 클릭하여 On/Off 가능

② 탄소와 질소 동시 분석을 위해서는 2번 Off

③ 질소만 분석할 때는 2번 On

④ 정상 상태에서 He/O_2 모두 22 psi

3) 진공 상태 점검

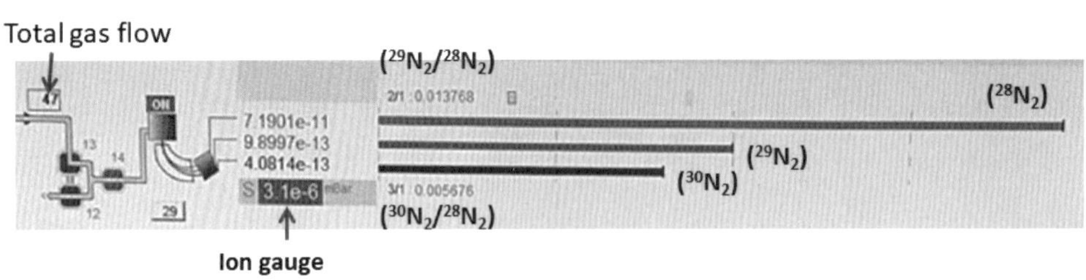

① Total gas flow: Gas flow 차단 시 15 내외, flow 형성 시 55 내외

② Ion beam size: 28(10^{-12}), 29(10^{-14}), 30(10^{-14})

③ Ion gauge: Gas flow 차단 시 10^{-8}, flow 형성 시 10^{-6}

4) Source tuning 준비: Gas sampling

① Gas flow 형성: 1, 5, 9 번 ON

② Total gas flow 안정화: 55 내외

③ IRMS gas flow 연결: 14번 ON (이 때, Ion gauge 3.0×10^{-6}으로 증가)

④ "Source"에서 "N_2" loading

⑤ $^{28}N_2$ beam size가 6×10^{-11}까지 안정화될 때 까지 Waiting

⑥ Auto-sampler에 시료 투입(N과 C별도 시료 필요)

주의사항 1. Source N_2 vs. CO_2 확인하기(Dual 모드 측정 시에는 Source가 $N_2 \rightarrow CO_2$ 자동 전환)
2. Glycine 0.3 mg의 N_2 mass 28 peak는 9E-9, CO_2 mass 44 peak는 6E-9임.

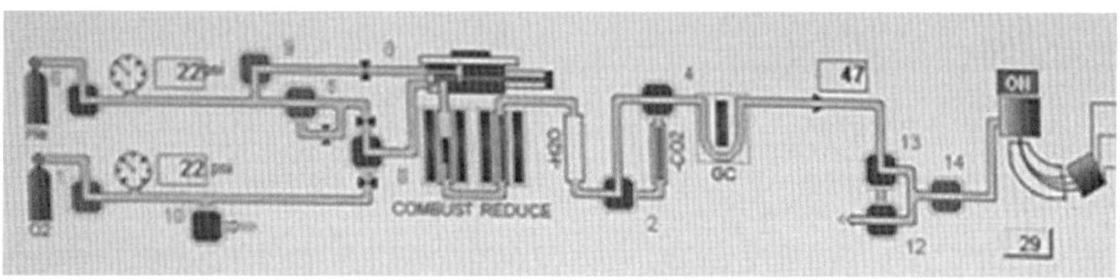

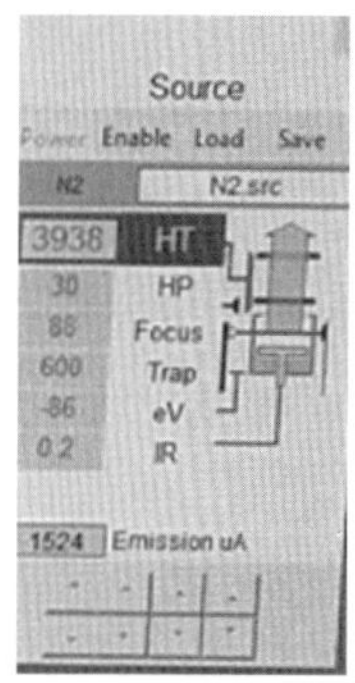

⑦ "Start" → "Single Batch" 선택

⑧ OK 클릭, 단 "Go to Standby at .."에서 체크하지 않음(Standby로 돌아가지 않음).

⑨ 시료 분석 과정 중 Peak에 도달한 직후 12번과 13번 OFF한 후 바로 "Stop" 클릭하여 Gas 시료 저장

주의사항 Peak 확인을 위해 "Toolbar"를 클릭하여 Y축 스케일 조정 필요($^{28}N_2$의 경우 10^{-8} 수준)

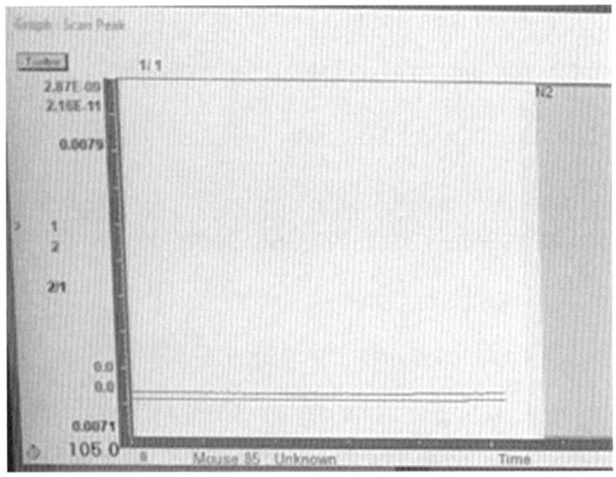

5) Source tuning: Peak shape 확인 및 Centering

① "Graph" 상태에서 "Presets" → "Peak 2/1" 클릭

② Peak가 나타남.

③ Peak Center가 정렬되지 않았을 때는 "Source"에서 "Enable" 클릭하여 "HT" 조정하여 Centering 함.

④ "Save" 함.

⑤ Centering 종료 후 14번 Off, 12번과 13번 ON.

⑥ 탄소에 대해서도 동일하게 반복

주의사항

1. Source N_2 vs. CO_2 확인하기
2. N_2 종료 후, 14번 ON 상태에서 mass 28이 6E-11로 감소한 후 CO_2 진행

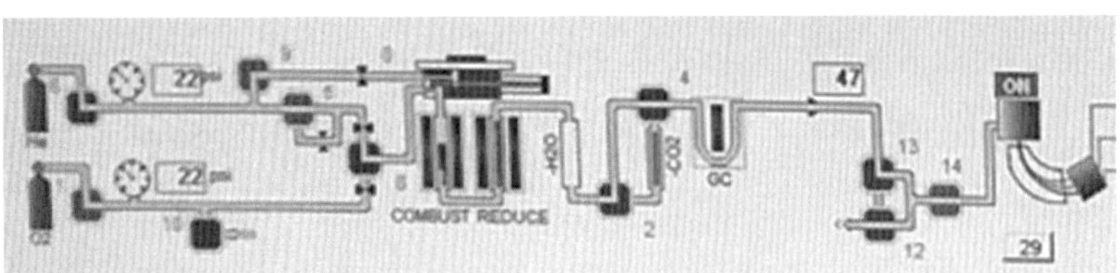

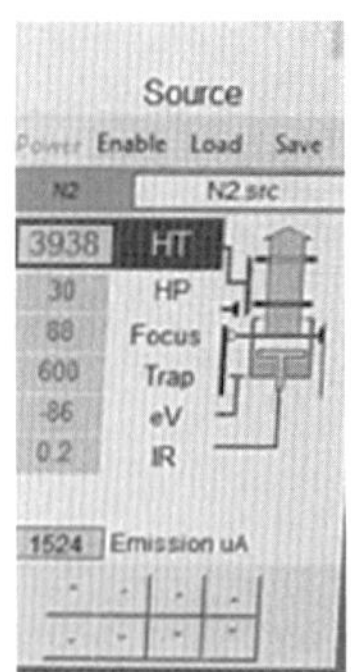

6) 시료 분석

〈1단계: 분석 정확도 확인〉

① 대량 시료 분석 전, 시료 분석 절차에 따라 표준 물질로 기기 상태 확인함.

- 즉, Blank-Ref-Sample로 Check 함.
- 이때 Sample은 Ref를 사용하여 정확도 검증함.

〈2단계: 분석 정확도 확인 Sample list 작성 및 시료 준비〉

① "abcSampelist" 선택

② Template 중 하나 선택(N, C 개별 분석 또는 Dual 분석)

③ 시료 추가 시"Add" 선택, 시료 중간에 다른 시료 추가 시 "Insert" 선택

④ 마지막은 "END" 반드시 선택*

- S(Sample), R(Reference), D(Dummy), B(Blank)
- Reference는 해당 물질 선택

⑤ "Save As"로 파일명 기입(분석자-날짜, 예: CWJ211030)

⑥ Auto-Sample에 "Sample list" 순서대로 시료 배치

주의사항

1. 처음과 마지막에 Reference 측정하여 기기 내부에서 분석 과정 전체 자동 보정
2. 마지막에 Reference를 Sample로 사용하여 분석자가 분석 결과 정확도 검토

- Reference: Glycine($C_2H_5NO_2$, Mw 75.07, C 32.0%, N 18.6%, $\delta^{13}C$ -36.19‰, $\delta^{15}N$ 2.26‰)

〈Sample list 예시〉

Blank
Blank
Reference
Sample 1
....
Sample 5
Blank
Sample 6
....
Sample 10
Blank
Reference
Sample(reference)
END

〈3단계: Gas flowing〉

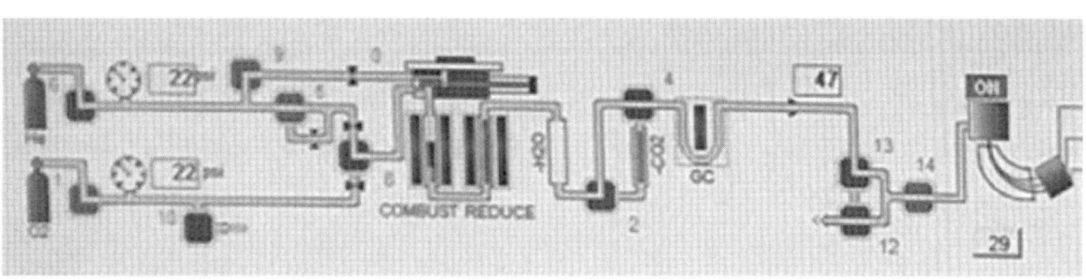

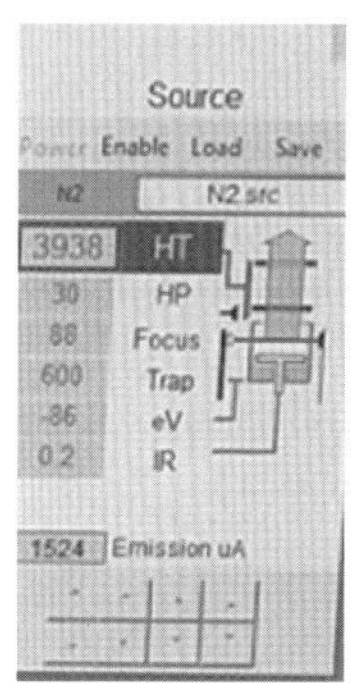

① Gas flow 형성: 1, 5, 9 번 ON

② Total gas flow 안정화: 55 내외

③ IRMS gas flow 연결: 14번 ON (이때 Ion gauge 3.0×10^{-6}으로 증가)

④ “Source”에서 “N2” loading

⑤ $^{28}N_2$beam size가 6×10^{-11}까지 안정화될 때까지 Waiting

〈4단계: Auto-Sampling & Run〉

① “Start” → “Single batch” → “OK”

② 작성한 Sample list 선택함. → “OK” (이때는 “Go to Stand by” 선택)

7) Leak test

- 대량 분석 전 반드시 확인
- 기기 소모품 교체 후 반드시 확인
- 가스 공급장치에서 IRMS 전까지 기기 전체 밀폐 및 진공 상태 확인

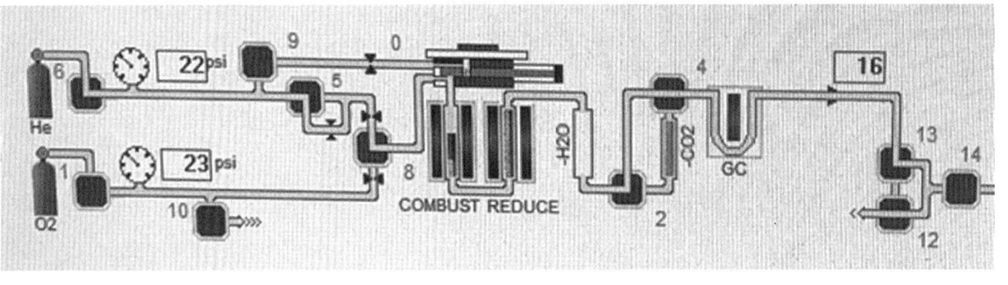

① 5번 ON: Gas 공급

② 13번 OFF: Gas line에 Gas 충진(15분 Waiting)

③ 6번 OFF: Gas 공급 차단

④ 6번 옆 압력 Gauge 수치 확인: 수치가 유지되어야 함.

8) GC baking

- 다량의 시료 분석에 의해 GC column에 불순물이 잔류 될 수 있음.
- 이 때 GC column 온도를 상승시켜서 불순물을 제거함.

① 6번 ON: Gas 공급

② 14번 OFF: IRMS Isolation

③ 12번/13번 ON: Bypass 형성

④ GC oven 온도: 140도로 설정

⑤ 24시간 유지

9) 소모품 교체

- IRMS를 Isolation한 후 소모품 교체
- 교체 주기: 시료 약 1천 개 분석 후 교체. 하지만, 실험 결과의 정확도가 낮으면 교체 권장
- 산화 튜브의 불꽃색이 희미하면 ash가 집적된 것이기 때문에 교체 필요
- Water trap(White → Pale Blue), CO_2 trap(Black → Grey)인 경우 교체 필요

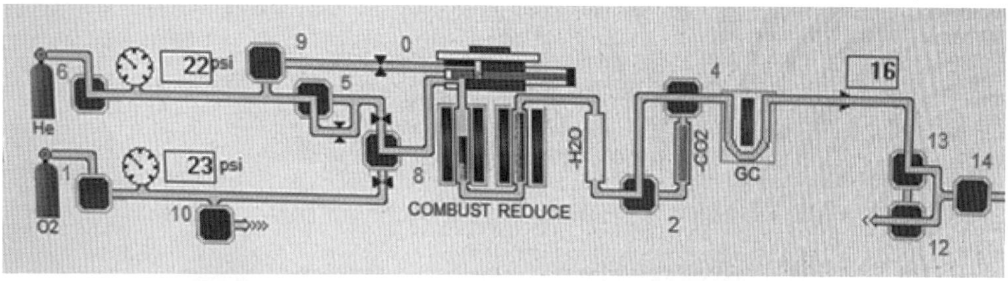

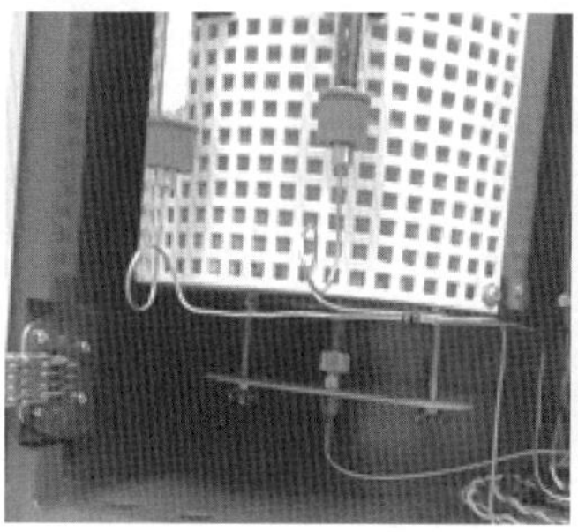

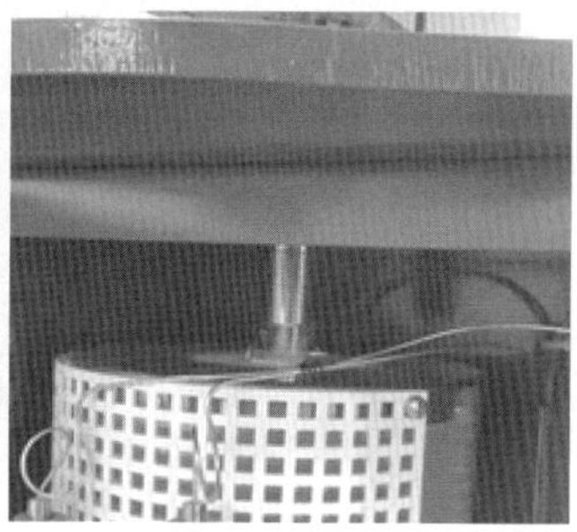

① 온도 상온으로 설정

② 14번 OFF: IRMS isolation

③ 6번 OF, 4번 ON, 12번/13번 ON: Gas 압력 제거

④ 6번 옆 압력 Gauge 확인: 압력 제거

⑤ Tube 위/아래쪽 분리

10) Real-time Source 상태 확인

- 아래 그림의 네모 박스(□)처럼 "Source"에서 마우스 위치 클릭하면 왼쪽에 회색으로 현재 Source 상태 확인 가능함.

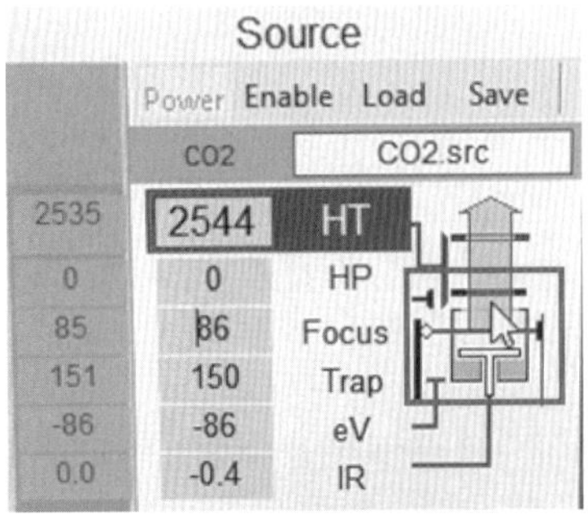

11) 전원 끄기(천천히 진행)

① "HT" Off

② "Source" Off

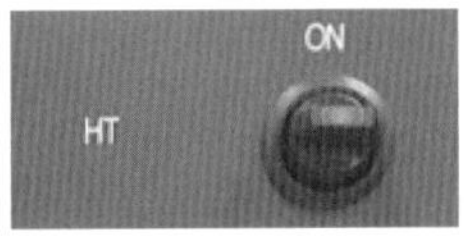

③ "Combustion, Reduction, GC oven 온도 Down(왼쪽 * 누르고 설정)

- Combustion과 Reduction은 200 도
- GC는 30도

주의사항 온도 Down 될 때까지 기다림(Power off 전날 저녁에 진행).

④ "Pump" Off

주의사항 Pump 속도가 낮아질 때 까지 기다림.

⑤ "Electronics" Off

⑥ "Main" off

⑦ "Rotary pump" Off

⑧ 압축공기 Off

⑨ 가스 실린더 Close

12) 기타 사항

① 가스(O_2, He): 99.999%(five nine)

② "Method" 정보

- "Reference"에서 사용하고자 하는 표준물질정보 입력 후 저장(Save As)
  *표준 물질은 초기에 1회만 입력하면 됨.
- "Analysis timing": Background와 Peak 인식 시간 기입
- "Event sequence": Valve ON/OFF 등 시간 정보

③ 분석 결과 추출

- 윈도우 탐색기에서 확장자prn 파일을 USB에 저장하여 엑셀파일로 열기

④ Rotary pump oil

- 6개월 주기로 교체(320 mL 주입)

⑤ Air compressor

- 공기와 함께 수분이 응축되기 때문에 Compressor 뒤쪽 밸브를 약 5초 정도 열어서 수분 제거
- 압력 게이지(기기 본체 4 bar, 장비 유입 부분 5-7 bar가 정상)

4.6. 총유기탄소분석기 (Total Organic Carbon Analyzer, TOC Analyzer)

○ 기초 이론

- 수질 시료 또는 토양 침출액 시료 중의 용존 유기탄소와 무기탄소 분석에 사용한다. 인산에 의해 무기탄소(CO_3^{2-})가 CO_2로 가스화되어 먼저 분석되고, 남은 유기탄소는

산화제($K_2S_2O_8$)가 있는 조건에서 자외선에 의해 산화되어 CO_2로 검출된다.

- 부유 물질이 있을 경우 기기 고장의 원인이 되기 때문에 반드시 Membrane filter로 여과한 후 사용한다.
- 토양 침출액의 경우 염 농도가 높기 때문에, 희석하여 분석한다.

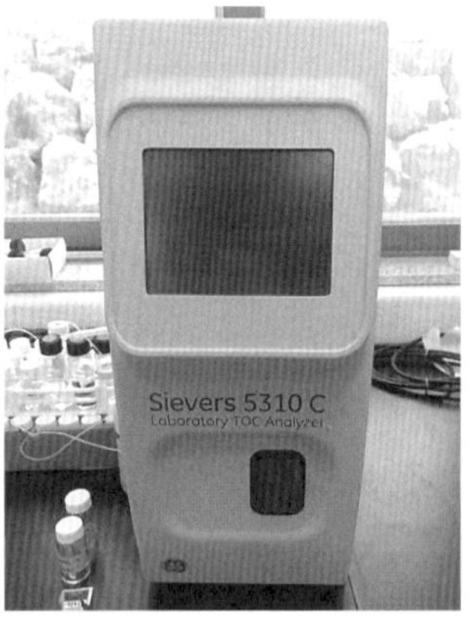

〈TOC analyzer〉

TOC Analyzer 분석 매뉴얼

(본 내용은 예시이니, 상세한 분석 방법은 해당 기기 매뉴얼에 따른다.)

✸ **기기 모델:** Sievers 5310 C, GE Analytical Instruments, USA

① 기기 안정화를 위해 분석하기 30분 전에 TOC 스위치를 켠다.

② Menu-Maintenance-Consumables(M-M-C)에서 소모품의 용량을 확인한다.

주의사항 소모품의 용량이 부족할 경우 소모품을 교체한 후 장비를 사용한다.

③ 100 mL 비커에 증류수를 1/3 채우고 M-M-C에서 Flush를 누른다.

④ Flushing을 한 후, Menu-Setup-Configuration에서 Reps는 1, Rejects는 0으로 설정하고 vial에 담은 시료를 분석한다.

주의사항

1. 침전물이 생길 경우, 상등액만 분석에 사용한다.
2. 희석: 토양 시료일 경우는 vial에 시료 1 mL와 증류수 20 mL(1:20)를 넣고, 퇴비와 같이 농도가 높은 시료의 경우에는 시료 0.5 mL 증류수 15 mL(1:30)을 넣어 흔들어준 다음 분석한다.
3. Glucose 표준용액(탄소 기준 1, 2, 5 mg C L^{-1})으로 기기의 정밀도와 정확도를 확인하고, 필요할 경우 측정값을 보정한다.

⑤ 무기태 탄소(IOC)와 유기태 탄소(DOC) 농도를 기록한다.

○ TOC 분석과 중크롬산 산화법의 유기탄소 분석값 비교

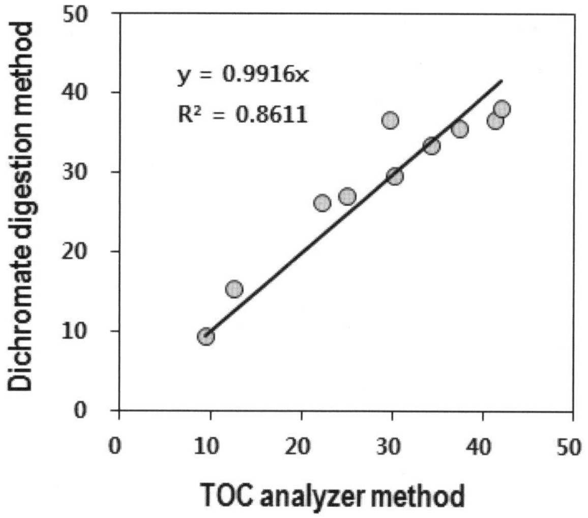

〈중크롬산 산화법 유기탄소 = TOC 분석 유기탄소 × 0.9916〉

4장

시료 채취 방법

1
토양 시료 채취

○ 시료 채취지점 선정

- 일반적으로 대상 토지의 3~5개 지점에서 일정량의 시료를 채취하여 혼합한 후 대표 혼합 시료(Composite sample)로 사용한다.
- 토양오염 진단 목적의 경우, 관련 규정(예, 토양환경보전법)에 의거하여 채취 지점을 선정한다.

○ 오거(Auger) 시료 채취

- 다양한 깊이의 토양에 대해 토성과 토양 화학성 분석을 위해 시료를 채취한다.
  ① 토양 시료를 채취하고자 하는 위치에 오거를 꽂고 시계방향으로 돌린다.

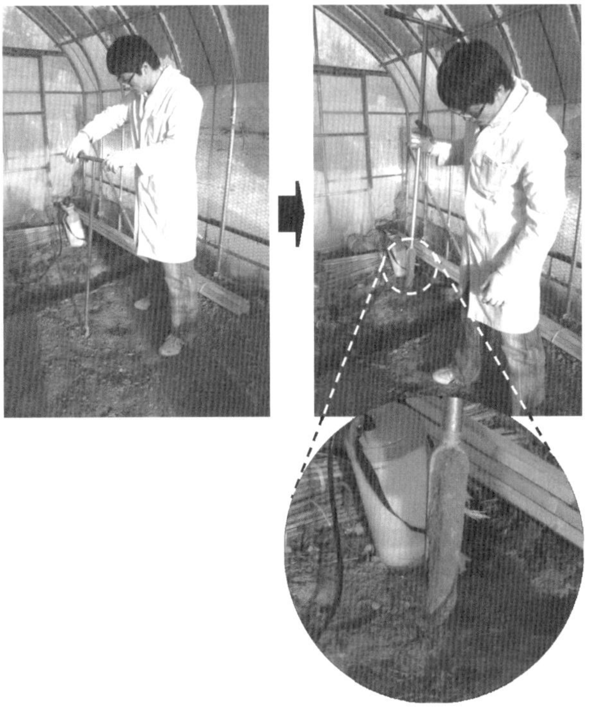

② 스크류 상단이 토양으로 다 채워지면 그대로 시계방향으로 돌리면서 오거를 뽑아낸다.

③ 채취된 토양을 지퍼백 등에 옮겨 담는다.

④ 깊이별로 채취하고자 할 경우, 같은 곳에서 오거 작업을 하고, 채취된 토양 중 상단부는 기존 구멍에 있던 토양이 밀려 들어간 것이기 때문에 버린 후 나머지를 이용한다.

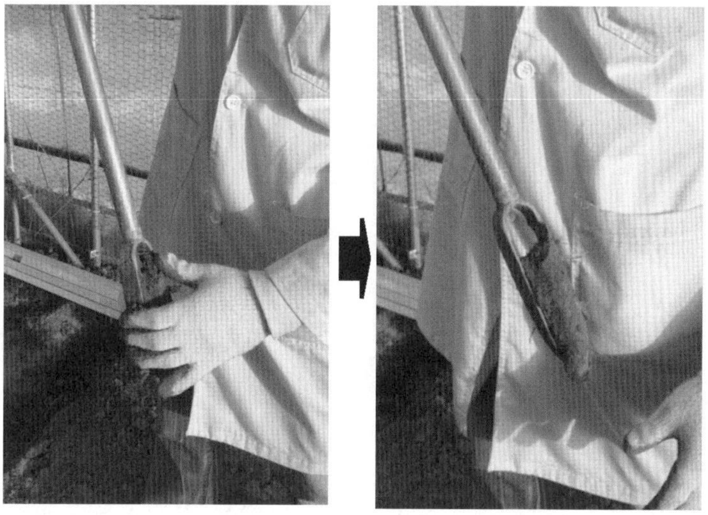

○ 코어(Core) 시료 채취

- 토양 전용적밀도 측정을 위한 시료 채취

① 코어와 코어 헤드를 결합한다. 코어의 한쪽은 날이 있고 반대쪽은 없으므로 날이 없는 쪽과 헤드를 결합해야 한다.

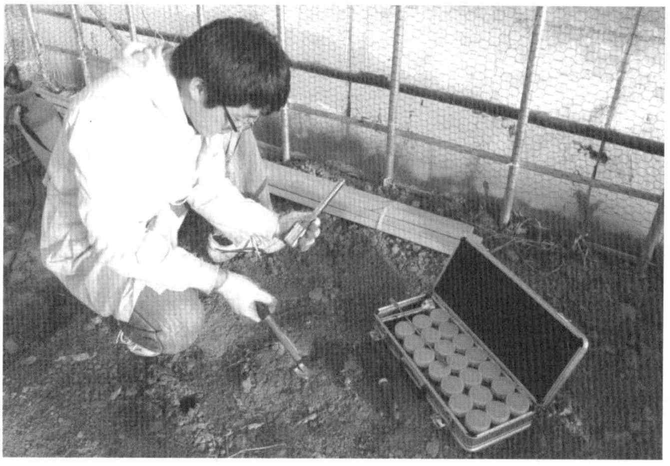

② 샘플러를 토양에 대고 코어 헤드를 망치를 이용해 코어가 토양에 완전히 박힐 때까지 박는다. 이때 압밀을 주의한다.

③ 삽을 이용해 코어 전체를 토양으로부터 분리한다.

④ 코어의 윗부분을 마개로 막고 코어 밖으로 나와 있는 토양을 스페츌라를 이용해 코어와 일직선이 되도록 잘라준다.

⑤ 아래쪽도 마개로 막고 실험실로 운반하여 필요한 실험을 수행한다.

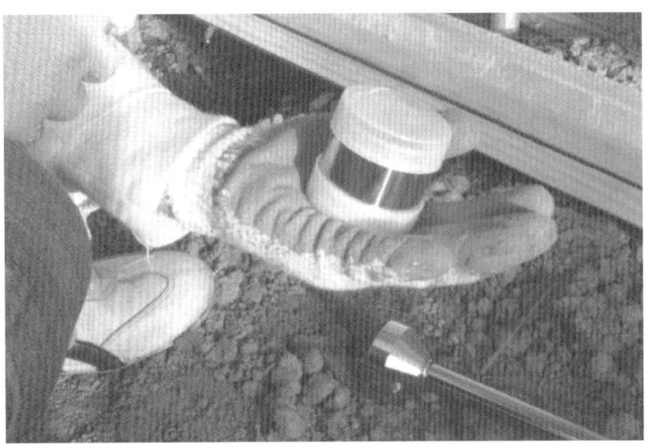

2 수질 시료 채취

○ 수질시료는 베일러 채수기나 막대 채수기로 채취한다

① 실험실에서 채수병을 세척한 후 목적에 따라 추가로 세척하고(예, 중금속 분석용의 경우 1 N HCl), 증류수로 2~3회 헹군다.

② 현장에서 채취하고자 하는 시료로 채수병을 1~2회 헹궈준다.

③ 채수병에 수질 시료를 가득 채운 후 공기가 들어가지 않도록 뚜껑을 닫는다.

④ 실험실로 운반하여 필요한 실험을 수행하고, 남는 시료는 냉동실이나 냉장실에 보관한다.

※ 1회용 무균 채수병인 경우 실험실에서 세척과정이 필요 없이 현장에서 바로 사용한다.

〈수질 시료 채취 모습〉

5장

토양 화학성 분석법

1
pH

1.1. 실험 원리

○ pH는 수소이온(H^+)농도의 측도로서 -log([H^+])으로 계산된다. pH는 토양 미생물 활동은 물론 양분과 중금속 유효도와 밀접한 관련이 있다.

○ 유리전극을 토양 용액에 담가서 유리전극 내부(기준전극)와 외부(토양 용액)의 전위차를 이용하여 수소 이온의 활동도를 측정한다. 유리전극 막(Membrane)의 산소(O)와 토양 용액 중 H^+가 결합하여 발생하는 전위차를 측정한다.

$$E\ (V) = a - b(0.05916)\log(H^+_{inner}/H^+_{outer})$$

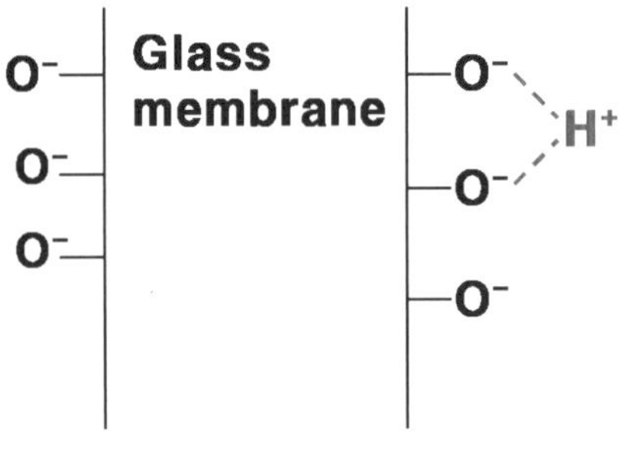

〈pH 미터 유리전극 막 표면과 용액 중 H^+의 결합〉

1.2. 분석 장비

○ pH 미터(pH meter)

- 수소 이온의 활동도를 측정하여 pH로 표시한다(측정범위: 1~14).

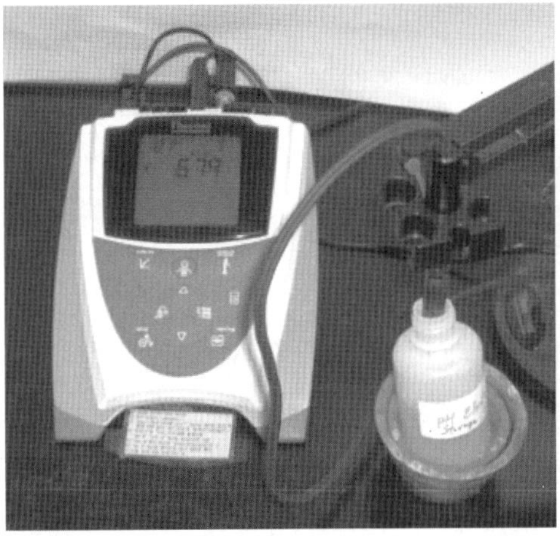
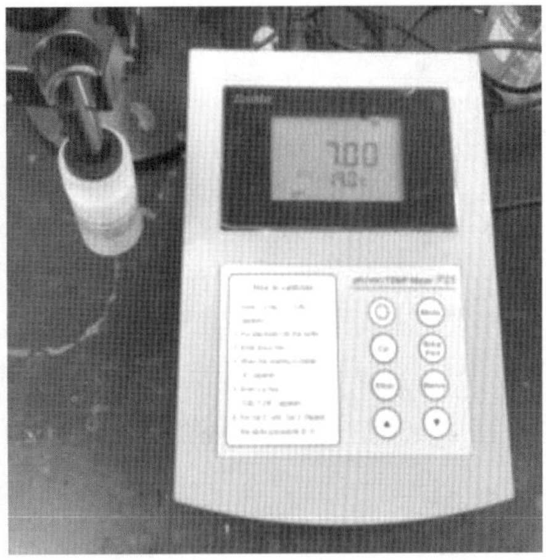

〈pH 미터〉

1.3. 실험 방법

① 풍건 토양시료(<2 mm) 10 g을 100 mL 플라스틱 병에 넣는다.

② 디스펜서로 시료에 적합한 비율대로 증류수를 첨가한다(토양 1:2.5 또는 1:5, 퇴비 1:5).

※ 잠산도(교환성)를 측정할 경우 1 M KCl로 침출하여 pH를 측정한다.

③ 밀봉한 후 150 rpm으로 30분간 교반한다.

주의사항

토양 진탕액을 너무 오래 방치하면 미생물의 호흡작용으로 탄산가스가 발생하여 pH를 낮추는 경우가 있으니 주의한다.
($CO_2 + H_2O \rightarrow H_2CO_3 \rightarrow 2H^+ + CO_3^{2-}$)

④ pH 미터 기기보정을 한다(1.4. 참고).

⑤ pH를 측정한다(전극을 시료 용액에 담근 후 손으로 가볍게 흔들면서 측정한다).

주의사항

1. 시료가 바뀔 때 전극을 증류수로 세척한다.
2. 시료를 측정하지 않을 시 유리전극의 수화된 겔층이 마르지 않도록 항상 증류수 또는 KCl 용액에 담가 둔다.
3. pH는 온도에 민감하기 때문에 시료 측정 시 온도계를 별도의 증류수에 담가서 보정한다.

1.4. pH meter 보정 방법

(본 내용은 예시이니, 상세한 분석 방법은 해당 기기 매뉴얼에 따른다.)

✸ 기기 모델: EcoMat P25

① CAL키를 누른다.
② 전극을 "pH 7" 보정용 완충용액(buffer solution)에 담근 후 Meas 버튼을 누른다.
③ 화면 좌측에 "S(stable)"가 나타나면 ▲ /▼ 키를 이용해 pH를 7로 맞춘다.
④ "CAL"키를 누르면 다음 pH로 넘어간다.
⑤ "pH 4"와 "pH 10" 완충용액도 같은 방법으로 보정한다.
⑥ 보정이 끝나면 "pH 7" 완충용액으로 pH가 정확히 측정 되는지 확인한다. 만약, 측정하고자 하는 시료의 pH가 강산성이거나 강염기성일 경우에는 각각 pH 4와 10 완충용액으로 다시 검증한다.

✸ 기기 모델명: Orion 3 star

① 좌측 상단의 "calibrate" 버튼을 누른다.
② "CAL 1"에서 전극을 "pH 7" 보정용 완충용액에 담근 후 화면 우측 상단의 "pH" 표시가 깜빡거리는 게 멈추면 "calibrate" 키를 누른다.
③ "CAL 2"와 "CAL 3"도 같은 방법으로 "pH 4", "pH 10" 완충용액을 이용해 보정한다.
④ "CAL 3" 보정까지 끝나면 우측 상단의 "measure(save/print)" 버튼을 누르고 보정을 마친다.
⑤ 보정이 끝나면 "pH 7" 완충용액으로 pH가 정확히 측정되는지 확인한다. 만약, 측정하고자 하는 시료의 pH가 강산성이거나 강염기성일 경우에는 각각 pH 4와 10 완충용액으로 다시 검증한다.

참고문헌

Thomas GW (1996) Soil pH and soil acidity. In: Sparks DL, Page AL, Helmke PA, Loeppert RH, Soltanpour PN, Tabatabai MA, Johnston CT, Sumner ME (Eds.), Methods of Soil Analysis, Part 3: Chemical methods. ASA and SSSA, Madison, Wisconsin, USA, pp. 475-490.

2 전기전도도(Electrical Conductivity, EC)

2.1. 실험 원리

○ EC는 토양에 존재하는 염 총량의 지표이다. 염이 많으면 삼투압 효과에 의해 식물이 수분을 흡수하지 못해 자라지 못한다.

○ 순수한 물(H_2O)은 전기를 통하지 않지만, 염이 존재하면 전기를 통하게 된다. 두 전극(양전극과 음전극) 사이의 전기 저항을 측정하여 용액의 전기전도도를 측정하는 것으로, 전기 저항은 염농도에 반비례한다.

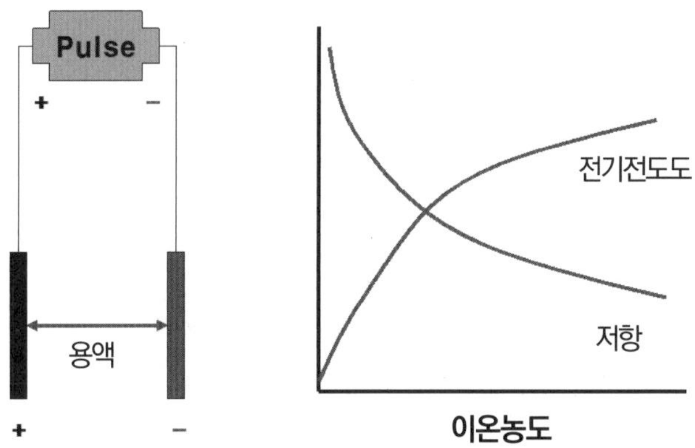

〈전기전도도 측정기 작동 원리〉

○ EC 측정단위는 dS m^{-1} 이다. 과거에는 저항(ohm)을 거꾸로 표기한 mho를 단위로 사용하였고, 1 mho = 1 S이다.

$$1 \text{ dS m}^{-1} = 1 \text{ mS cm}^{-1} = 1000 \text{ μS cm}^{-1}$$

○ 전기전도도를 염농도로 환산: 1 dS m^{-1} = 640 mg L^{-1} = 0.064%
(EC 0.1-5.0 dS m^{-1} 범위)

○ 참고: 초순수 전기도도도(0.055 μS cm^{-1}), 증류수 전기도도도(0.5 μS cm^{-1}), 바닷물(53 mS cm^{-1})

2.2. 필요 시약

○ 표준 NaCl 용액 692 ppm(1.413 dS m^{-1}), 7230 ppm(12.9 dS m^{-1})

2.3. 분석 장비

○ 전기전도도 측정기(EC meter)

① 전기전도도 측정기: 측정오차가 1% 또는 1 ㎛ho cm^{-1}를 초과하지 않는 기구를 사용한다.

② 온도계: 0.1℃까지 눈금을 읽을 수 있고 23-27℃ 범위를 포함하는 것을 사용한다. 대부분의 전기전도도 측정기는 자동 온도 센서가 장치되어 있다. 이 경우는 온도계를 따로 준비할 필요가 없다. 25℃ 조건으로 자동 환산된다.

<전기전도도 측정기>

2.4. 실험 방법

1) 1:5 침출액 시료($EC_{1:5}$)

① pH와 동일하게 시료를 교반한 후, 여과지(Whatman 42번)를 이용하여 50 mL 시험관에 여과한다.

② 표준용액을 이용하여 전기전도도 측정기를 보정한다.

③ 전도도 측정기 센서를 증류수로 씻고, 시료에 담근 후 25°C로 보정된 전기전도도를 읽는다.

주의사항

1. 전기전도도 측정기에서 다양한 단위가 표시될 수 있기 때문에, 항상 단위도 같이 기록한다.
2. 전기전도도 측정기의 센서는 사용후 증류수로 여러번 세척하여 건조한 후 보관한다.

2) 포화침출액 시료(EC_e)

① 토양 300 g을 500 mL 플라스틱 통에 담는다.

② 토양이 포화 상태가 되는 지점까지 증류수를 조금씩 넣어주면서 스페츌라로 반죽한다.

③ 토양이 포화된 상태에서 24시간 동안 방치하여 염이 용해되고 평형에 이르도록 한다.

④ 여과지(Whatman 42번)를 진공여과깔때기 바닥의 크기에 맞게 잘라 넣어준다.

⑤ 진공여과깔때기에 토양을 옮겨 담은 후 빈 공간이 생기지 않게 잘 다져준다.

⑥ 진공용액침출기에 추출 시린지를 설치 후 고무 튜브를 이용하여 진공여과깔때기를 연결한다.

⑦ 진공용액침출기를 작동하여 토양에 진공을 걸어 약 8시간 침출 후 전기전도도 측정기로 측정한다.

주의사항

1. 전기전도도 측정기에서 다양한 단위가 표시될 수 있기 때문에, 항상 단위도 같이 기록한다.
2. 전기전도도 측정기의 센서는 사용 후 증류수로 여러 번 세척하여 건조한 후 보관한다.

〈(좌) 토양 포화 전과, (우) 포화반죽 상태〉

〈진공용액침출기를 이용한 포화 침출액 추출〉

※ 진공용액침출기 사용법은 5장 "14. 양이온 교환 용량 및 교환성 양이온"을 참고한다.

참고문헌

RDA(Rural Development Administration) (2001) Soil and Plant Analysis Methods. Rural Development Administration, Jeonju, Korea. (In Korean)

Seo BS, Jeong YJ, Baek NR, Park HJ, Yang HI, Park SI, Choi WJ (2022) Soil texture affects the conversion factor of electrical conductivity from 1:5 soil-water to saturated paste extracts. Pedosphere 32, 905-915.

USDA(United States Department of Agriculture) (1954) Diagnosis and Improvement of Saline and Alkali Soils. Agriculture Handbook No. 60. USSL. Washington D.C., USA.

3 토양 총질소 분해(습식 산화): 켈달 분해(Kjeldahl digestion)

3.1. 실험 원리

○ 질소는 식물체와 미생물 성장에 필요한 필수 원소이다. 질소는 원소분석기를 이용한 건식 연소법(Dry combustion) 또는 산화제를 이용하는 습식 산화법(Wet oxidation)으로 분석한다.

○ 총질소는 유기태와 무기태 질소(NH_4^+, NO_3^-, NO_2^-)로 구성되어 있다. 총질소 분석을 위해서 환원철(Fe)을 넣어 NO_2^-와 NO_3^-를 NH_4^+으로 환원시키고, 황산(H_2SO_4)과 과산화수소(H_2O_2)로 유기태 질소를 NH_4^+으로 무기화시킨다. 생성된 NH_4^+은 H_2SO_4가 과잉 존재하는 산성조건에서 황산암모늄($(NH_4)_2SO_4$)의 형태로 안정적으로 존재한다. 켈달 분해 후 질소는 증류법이나 비색법으로 정량한다.

3.2. 필요 시약

① 진한 황산(H_2SO_4)

② 환원철(Fe)

③ 과산화수소(H_2O_2)

3.3. 실험 기구 및 장비

실험 기구

① 분해 튜브(Digestion tube): 80 mL 용량 지점을 미리 표시

또는

② 흑연 블럭 분해대 용기

실험 장비

① 디스펜서(Dispenser)

② 블록 분해대(Block digester) 또는 흑연 블록 분해대(Graphite block digester)

3.4. 실험 방법

시료 전처리

① 시료는 풍건 후 2 mm 체로 체거름 후 막자사발로 곱게 분쇄한다(기준 <0.42 mm).

② 분쇄 후 별도의 체거름 없이 전량을 모두 회수한다. 무기태 질소가 많은 시료(예를 들면 퇴비)는 건조 시 NH_4^+이나 NO_3^-이 손실될 수 있으므로 동결 건조하여 볼밀로 분쇄한다.

시료 분해

※ 2장 "6.4. 블록 분해대(Block digester)" 또는 "6.5. 흑연 블록 분해대(Graphite block digester)" 사용 방법에 따라 분해한다.

참고문헌

Nelson DW, Sommers LE(1980) Total nitrogen analysis of soil and plant tissues. Journal of Association of Official Analytical Chemists 63, 770-778.

4
토양 침출액 총질소 분해: 알칼리 과황산 산화 (Alkaline persulfate oxidation)

4.1. 실험 원리

○ 토양 침출액의 유기태와 무기태(NH_4^+, NO_3^-, NO_2^-) 질소는 식물이나 미생물에 의해 쉽게 이용되는 질소이다.

○ 다양한 형태의 질소는 알칼리성 조건에서 과황산염($K_2S_2O_8$) 산화제에 의해 모두 NO_3^-로 산화된다. 이때 알칼리성 과황산염 산화제에 들어있는 보릭산(H_3BO_3)이 NH_4^+이 NH_3로 휘산되지 않고 NO_3^-로 산화될 수 있도록 해준다. 켈달 분해 후 질소는 증류법이나 비색법으로 정량한다. 일부 시료의 경우 NH_4^+이 NO_3^-로 완전 산화되지 않기 때문에 NH_4^+과 NO_3^-를 모두 정량할 필요가 있다.

4.2. 필요 시약 및 제조 방법

필요 시약

① 과황산염($K_2S_2O_8$,)
② 수산화나트륨(NaOH)
③ 보릭산(H_3BO_3)

시약 제조 방법

1) 알칼리성 과황산염 산화제(Alkaline Persulfate Oxidation)(1 L 기준)

① 0.185 M $K_2S_2O_8$ 50 g과 0.485 M H_3BO_3 30 g을 1 L 삼각플라스크에 넣고 증류수 약 900 mL로 가열하며 교반하며 녹인다.

② 0.42 M NaOH 16.8 g을 100 mL 비커에 넣고 증류수 약 50 mL로 교반하며 녹인다.

③ 녹인 NaOH를 ①번 용액에 넣고 교반하여 혼합한다.

④ 혼합한 용액을 1 L V-flask에 옮긴 후 부피를 맞춘다.

4.3. 실험 기구 및 장비

실험 기구

① Headspace vial

② Septa seal

실험 장비

① 고온고압 멸균기(Autoclave)

② 크림퍼(Crimper)

4.4. 실험 방법

시료 전처리

시료는 용탈액이나 침출액 등 용액 시료를 사용한다.

시료 분해

① Headspace vial에 정해진 시료 양을 마이크로 피펫을 이용하여 정확하게 넣는다.

주의사항 Blank는 시료 없이 3개 준비한다.

② 마이크로 피펫을 이용하여 산화제 2.5 mL를 넣는다.

③ 증류수를 이용하여 50 mL로 부피를 맞춘다.

④ Septa seal을 끼우고 크림퍼를 이용하여 막는다.

⑤ 고온고압 멸균기를 이용하여 121°C에서 30분간 산화시킨다.

주의사항 고온고압 멸균기 사용 시 증기가 완전히 빠진 후 뚜껑을 열고 시료는 충분히 식혀준다.

참고문헌

Hood-Nowotny R, Umana NH, Inselbacher E, Oswald-Lachouani P, Wanek W (2010) Alternative methods for measuring inorganic, organic, and total dissolved nitrogen in soil. Soil Science Society of America Journal 74, 1018-1027.

5

토양 총질소 분석: 켈달 증류

○ 시료 분해 후 질소는 켈달 증류(Kjeldahl distillation) 방법이나 비색법(Colorimetry)으로 정량할 수 있으며, 비색법은 토양 무기태 질소 정량 방법(5장 “8. NH_4^+ 분석: Indo-phenol 비색법”, “9. NO_3^- 분석: Vanadium 환원 비색법”)에 따라 실험한다.

○ 켈달 증류는 분해액 중의 NH_4^+을 강알칼리성의 고온에서 NH_3로 가스화하여 휘산 시켜서 냉각관에서 물분자와 응축시켜 생성된 염기성 물질인 NH_4OH를 산성 용액에 포집한다. 이 후 산-염기 적정을 통해 포집된 NH_4OH를 정량한다.

5.1. 필요 시약 및 제조 방법

필요 시약

① 보릭산(H_3BO_3)

② 10 N 수산화나트륨(NaOH)

주의사항 알칼리 과황산 산화법으로 준비된 시료의 경우, 시료에 NH_4^+과 NO_3^-가 혼합되어 있는 경우도 있기 때문에, 10 N 수산화나트륨(NaOH) 대신 산화마그네슘(MgO)과 데바다 합금(Devarda's alloy)를 촉매로 사용한다.

③ 0.01 N 황산(H_2SO_4)

④ 0.01 N 수산화나트륨(NaOH)

제조 방법

1) H_3BO_3(4 L 기준)

① 80 g H_3BO_3를 5 L 삼각플라스크에 넣고 증류수 3500 mL를 넣는다.

② 열을 가하여 교반하면서 녹인다.

③ 방랭한 후 지시약 40 mL을 넣는다(이때 색깔은 녹색이다).

<지시약 : 100 mL V-flask에 0.099 g bromocresol green + 0.066 g methyl red를 넣고 에탄올로 녹인 후 부피를 맞춘다. 이때 V-flask 입구는 마개로 막는다. 만약 parafilm을 사용하고자 할 경우 두 장으로 막는다.>

④ pH 미터(pH meter)로 pH를 확인하면서 붉은 자색(포도주색)이 될 때까지(이때 pH는 5.0) 0.1 N NaOH를 파스퇴르 피펫을 이용해 조심스럽게 넣는다.

⑤ 최종 부피를 4 L로 맞춘다.

주의사항 NH_4^+ 포집에 H_3BO_3 사용 시, Blank 시료 적정에 0.01 N H_2SO_4가 0.2 mL 정도가 들어가야 한다.

2) 10 N NaOH(2 L 기준)

① 플라스틱 병(2 L 증류수 통)에 증류수를 절반쯤 넣는다.

② 흄후드 안에서 교반하면서 NaOH 800 g을 조금씩 넣으면서 녹인다.

③ 녹인 후 충분히 식히고 2 L로 부피를 맞춘다.

주의사항 10 N NaOH를 만들 때는 꼭 흄후드에서 작업을 하고, NaOH가 유리를 녹이므로 유리 비커에 조제하지 말고 플라스틱 병에 만들어야 한다.

3) 0.01 N H_2SO_4, 0.01 N NaOH(2 L 기준)

① 1 N H_2SO_4(또는 1 N NaOH) 표준용액 20 mL를 홀 피펫을 이용해 2 L V-flask에 정확하게 넣는다.

② 2 L로 부피를 맞춘다.

5.2. 실험 기구 및 장비

① 켈달 증류기기(Kjeldahl distillation apparatus)

② 디지털 뷰렛(Digital burette)

③ pH 미터(pH meter)

5.3. 증류 방법

① 100 mL 삼각플라스크에 10 mL 홀 피펫을 이용해 H_3BO_3 용액을 넣어서 준비하고, 질소동위원소 분석 시에는 0.01 N H_2SO_4 10 mL를 100 mL 비커에 준비한다.

주의사항 일반 증류와 질소동위원소분석용 증류를 달리한다. 증류 방법에 대한 보다 구체적인 내용은 "7. 무기태 질소(NH_4^+, NO_3^-) 분석: 켈달 증류"를 참고한다.

② 분해액 튜브 입구를 실리콘 마개로 막고 흔들어 균질화 시킨 후 분해액 25 mL를 피펫을 이용하여 증류 튜브에 넣는다.

주의사항 질소 함량에 따라 사용할 분해액의 양을 달리한다.

③ 10 N NaOH 20 mL를 튜브에 넣고 증류하여 NH_4^+를 NH_3로 가스화 시켜서 H_3BO_3(일반 증류)나 0.01 N H_2SO_4(동위원소분석용)에 포집한다.

주의사항 10 N NaOH 양은 Blank 시료를 pH paper로 확인하여 pH 10이상 될 정도로 넣어야 한다.

증류기기 사용법

① 증류에 사용되는 물 공급통에 증류수 8 L당 NaCl 0.3 g을 넣어준다. 공급통에 물이 충분히 있는지 항상 확인한다.

② 냉각수를 틀고 전원을 켠다.

주의사항 증류기기 사용 시 냉각수를 꼭 확인하고, 실험 후 냉각수를 잠근다. 냉각수를 너무 세게 틀면 관이 터질 수 있기 때문에 냉각관이 차가울 정도의 속도로 밸브를 연다.

③ 증류수로 한번 증류하여 증기의 온도를 높여준다.

④ 산이 담겨있는 비커를 증류액이 나오는 고무튜브 아래에 맞게 넣는다.

⑤ 증류 튜브 입구와 고무 사이가 새지 않도록 맞추고 튜브를 조금 돌려준다.

⑥ 덮개를 닫고 증류 스위치를 켠다.

⑦ 증류액은 40~50 mL 정도 포집하고 증류가 끝나면 증류 스위치를 끄고 빨리 튜브를 뺀다.

⑧ 증류가 끝나면 증류수를 이용해 한번 세척하여 준다.

주의사항 1. Steam에 사용되는 물이 소모되면 통 안을 증류수로 한두 번 헹군 후에 증류수 8 L를 채운 후 NaCl 0.3 g을 넣어준다.

2. 증류기기 사용 시 시료가 바뀔 때마다 고무튜브 끝부분을 세척한다(이전 시료 증류액이 다음 시료의 결과치에 영향을 줄 수 있다).

3. 증류 시 시료는 튜브에 미리 넣어두어도 되지만 10 N NaOH는 증류 직전에 넣어야 한다. 10 N NaOH를 미리 넣으면 NH_3 휘산에 의해 질소 손실이 발생한다.

증류기기 세척 순서(질소동위원소 분석 시 시료 간 교차 오염 방지)

① 1 N HCl을 튜브에 적당량(튜브의 1/3 정도) 넣고 일정 시간 동안 세척하여 염을 제거한다.

② 에탄올을 튜브의 1/3 정도 넣고 세척하여 잔류 HCl을 제거한다.

③ 마지막으로 튜브에 증류수를 1/3 정도 넣고 세척한다.

주의사항 증류 후 세척 순서(HCl-Ethanol-증류수)를 잘 숙지한다.

5.4. 적정

1) H_3BO_3으로 포집 시(0.01 N H_2SO_4로 적정) - 질소동위원소 분석이 필요 없는 경우

① 켈달 증류 시 H_3BO_3에 NH_4^+, NO_3^-을 포집한다.

② 0.01 N H_2SO_4를 디지털 뷰렛을 이용해 조심스럽게 넣는다.

③ 색깔이 초록색에서 원래의 붉은 자색으로 바뀌는 시점에서 사용된 H_2SO_4의 양을 읽는다.

주의사항 Blank 시료 적정 시 0.01 N H_2SO_4가 0.2 mL 정도가 들어가야 한다.

○ H_3BO_3으로 포집 시 반응식

- H_3BO_3은 산성이기 때문에 용액의 색이 자주색을 띠게 되고, NH_4^+이 포집되면 연한 녹색을 띤다.
- H_2SO_4으로 적정하면, H_2SO_4은 NH_4^+과 반응한 H_3BO_3과 반응하는데, 이는 간접적정(Indirect titration)에 해당한다.
- 종말점에서 H_2SO_4이 추가되면 용액이 산성이 되어 지시약의 색깔이 자주색으로 바뀐다.
- 따라서, 적정에 소비된 H_2SO_4의 양은 NH_4^+과 반응한 H_3BO_3을 정량하여, 최종적으

로 NH_4^+ 당량을 알 수 있다.

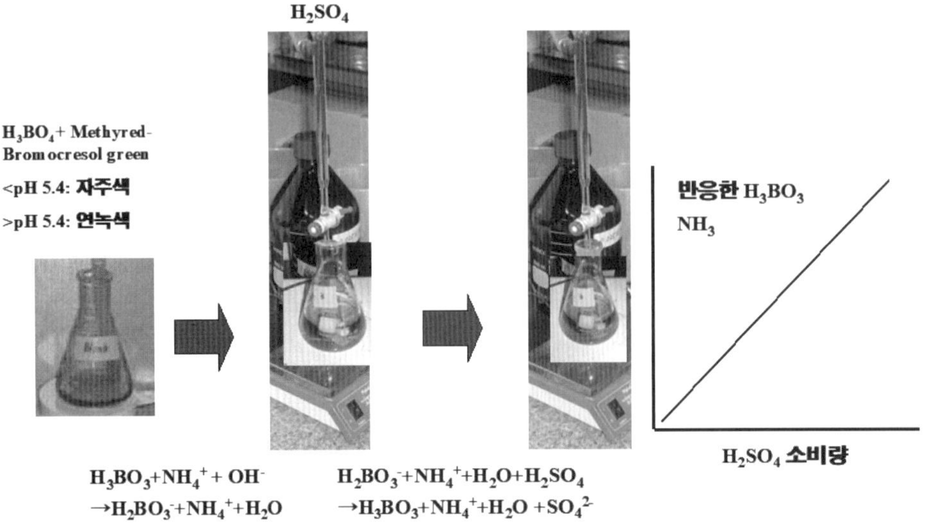

〈H_3BO_3으로 NH_4^+ 포집 후 적정 반응식〉

2) H_2SO_4으로 포집 시(0.01 N NaOH로 적정) - 질소동위원소 분석이 필요한 경우

① 켈달 증류 시 0.01 N H_2SO_4에 NH_4^+, NO_3^-을 포집한다.

② pH 미터를 설치하고 0.01 N NaOH를 디지털 뷰렛을 이용해 조심스럽게 넣는다.

③ pH가 5.4에서 5.5 사이가 될 때까지 NaOH를 넣고, 소비된 양을 읽는다.

④ 적정이 끝나고 0.1 N H_2SO_4를 0.25 mL 첨가해서 pH를 3~3.5로 조절하고 오븐 65°C에서 건조시킨다.

○ H_2SO_4으로 포집 시 반응식

- 당량을 알고 있는 과잉의 H_2SO_4에 NH_4^+을 포집하고, 반응하지 않은 H_2SO_4를 NaOH로 적정하는 역적정(Back titration) 방법이다.
- 종말점에서 NaOH가 추가되면 용액이 알칼리성이 되어 지시약의 색깔이 연한 녹색으로 바뀐다.
- 따라서, 적정에 소비된 NaOH 양으로 NH_4^+과 반응하지 않고 남은 H_2SO_4 당량을 알 수 있고, 최종적으로 NH_4^+ 당량을 계산할 수 있다.

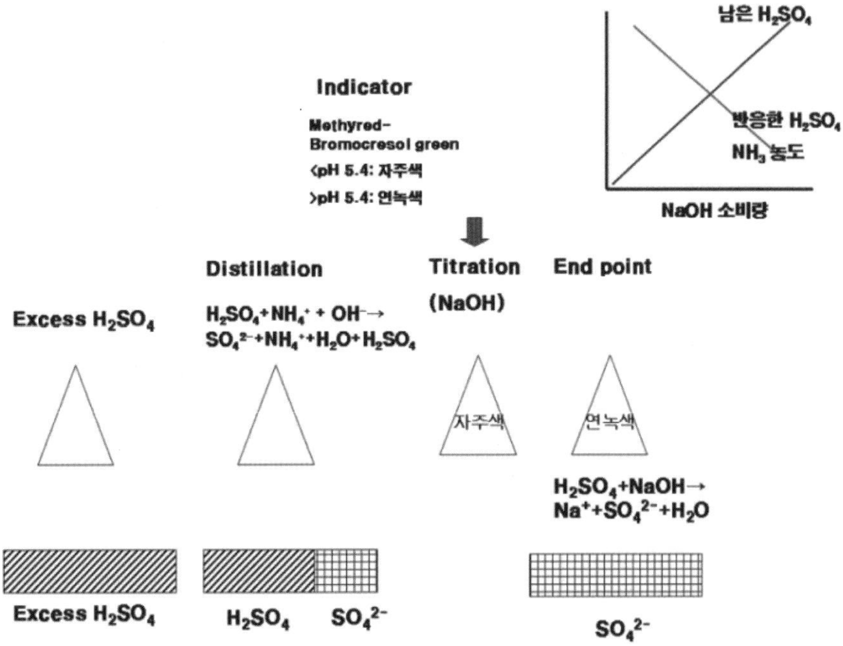

〈H_2SO_4으로 NH_4^+ 포집 후 적정 반응식〉

5.5. 계산 방법

1) H_3BO_3으로 포집 시(0.01 N H_2SO_4로 적정): Indirect-titration

$$\text{T-N(mg N kg}^{-1}) = (\text{S-B}) \times \text{N} \times 14 \times \frac{\text{V2}}{\text{V1}} \times \frac{1}{\text{W}} \times 1000\ \text{g kg}^{-1}$$

- S: 시료에 적정된 0.01 N H_2SO_4의 부피
- B: Blank에 적정된 0.01 N H_2SO_4의 부피(이론적으로 0 mL)
- 적정에 사용된 H_2SO_4의 농도(0.01)
- 14: 질소 당량 무게(14 mg meq^{-1})
- V1: 증류에 사용된 시료의 부피
- V2: 분해액 총 부피
- W: 토양 시료 무게(g)
- 1000: 토양 무게 kg 단위 환산 계수

※ 계산식 설명

- 질소에 의해 소비된 H_3BO_3을 적정한 H_2SO_4의 부피(S-B, mL)에 H_2SO_4의 노르말 농도(N)를 곱하면 질소의 당량(meq)이 된다. 질소 당량에 질소 당량 무게(14)를 곱하면

질소 양(mg)이 된다. 여기에 V2/V1을 곱하면 전체 분해액 중의 질소 양이 계산되고, 다시 토양 무게(g)을 나누어 주면 토양 g당 질소 mg이 계산된다. 최종적으로 1000을 곱해주면 토양 kg 당 질소 mg이 된다.

- 총질소의 경우 보통 g N kg^{-1}으로 표시하기 때문에, 이와 같은 경우에는 위 계산식에서 1000을 곱하지 않는다.

2) H_2SO_4으로 포집 시(0.01 N NaOH로 적정): Back titration

$$\text{T-N(mg N kg}^{-1}) = (B-S) \times N \times 14 \times \frac{V2}{V1} \times \frac{1}{W} \times 1000$$

- B: Blank에 적정된 0.01 N H_2SO_4의 부피(이론적으로 10 mL)
- S: 시료에 적정된 0.01 N H_2SO_4의 부피
- 적정에 사용된 H_2SO_4의 농도(0.01)
- 14: 질소 당량 무게(14 mg meq^{-1})
- V1: 증류에 사용된 시료의 부피
- V2: 분해액 총 부피
- W: 토양 시료 무게(g)
- 1000: 토양 무게 g을 kg으로 환산 계수

※ 계산식 설명

- H_3BO_3 포집과 기본 방법은 동일하다. 다만, H_2SO_4으로 포집할 경우, 역적정에 해당하여 (B-S)로 계산한다.

참고문헌

Hauck RD (1982) Nitrogen-isotope-ratio analysis. In: Page AL, Miller RH, Keeney DR (Eds.), Methods of Soil Analysis, Part 2: Chemical and Microbiological Properties, ASA and SSSA, Madison, Wisconsin, USA, pp. 735-779.

Keeney DR, Nelson DW (1982) Nitrogen-inorganic forms. In: Page AL, Miller RH, Keeney DR (Eds.), Methods of Soil Analysis, Part 2: Chemical and Microbiological Properties. ASA and SSSA, Madison, Wisconsin, USA, pp. 643-698.

6 무기태 질소 추출

6.1. 실험 원리

○ 토양 질소의 95% 이상은 식물이 흡수할 수 없는 유기태로 존재하며 극히 일부가 식물에 의해 흡수 가능한 무기태(NH_4^+, NO_3^-)로 존재한다.

○ NH_4^+은 대부분 토양 교질의 음전하에 흡착되어 존재하며, NO_3^-는 토양 용액 중에 존재한다. 따라서, 무기태 질소를 정량하기 위해서는 음전하에 흡착되어 있는 NH_4^+을 이온교환 시켜야 한다. 이를 위해 KCl 또는 K_2SO_4 용액으로 토양을 침출하는데, 대부분 KCl을 많이 사용한다.

○ 하지만, 동일 침출액으로 무기태 질소 정량과 함께 수용성 유기탄소를 중크롬산법으로 정량하고자 할 경우에는 K_2SO_4 용액으로 침출한다(KCl에 존재하는 Cl^-가 Cr^{6+}에 의해 산화되어 유기탄소 함량 분석에 오차 발생).

6.2. 필요 시약 및 제조 방법

필요 시약

① 2 M 염화칼륨(KCl)-PMA 혼합용액 <PMA(Phenylmercuric acetate) solution, 미생물 활성 억제제> (일반적으로 PMA를 혼합하지 않아도 되지만, 미생물 활성이 우려될 경우에는 혼합함)

② 0.5 M 황산칼륨(K_2SO_4)(용존 유기탄소도 정량이 필요할 시 사용)

제조 방법

1) PMA 용액(1 L 기준)

① PMA 50 mg을 1 L V-flask에 넣고 증류수로 녹인 후 부피를 맞춘다.

2) 2 M KCl-PMA(5 L 기준)

① 5 L 삼각플라스크에 증류수를 절반쯤 채운다.

② 교반하면서 800 g의 KCl을 녹인다.

③ KCl이 다 녹으면 5 L로 부피를 맞춘 후 10 L 통에 옮겨 담는다.

④ 다시 삼각플라스크에 증류수를 절반쯤 채우고 KCl 700 g을 녹인다.

⑤ PMA 용액 1 L를 넣고 5 L로 부피를 맞춘 후 통에 옮겨 담는다.

※ 최종적으로 10 L에 KCl 1500 g, PMA 50 mg을 녹인 것이다.

3) 0.5 M K_2SO_4(2 L 기준)

① K_2SO_4 174 g을 증류수 2 L에 녹인다.

6.3. 실험 기구 및 장비

실험 기구

① 250 mL 플라스틱 광구병

② 시험관

③ 여과지(Whatman 2번 또는 42번, 또는 Advantec 5C)

④ 깔때기(Funnel)

실험 장비

① 교반기(Shaker)

6.4. 실험 방법

① 토양 20 g이 담긴 250 mL 광구병에 2 M KCl 또는 0.5 M K_2SO_4 100 mL를 넣는다.

주의사항

1. 이 때 토양과 2 M KCl은 기본 1:5의 비율을 따르지만 질소농도와 목적에 따라 1:2, 1:5, 1:10 으로 할 수 있다.
2. 토양 비옥도 연구 목적 시료는 풍건 후 분석하고, 토양질소동역학 연구 목적 시료는 습윤 토양을 직접 분석한다. 풍건 과정에서 질소가 변하기 때문이다. 단, 습윤 토양 사용 시 토양 수분함량을 측정하여, 결과는 건조 시료 기준으로 보정한다.

② 교반기에서 250 rpm으로 1시간 동안 진탕한다.

③ Whatman 2번 여과지로 여과하여 시험관에 여과액을 포집한다.

주의사항

1. 침출액의 양에 따라 시험관을 달리한다.
2. 기기분석이 필요한 경우는 Whatman 42번(또는 Advantec 5C) 여과지를 사용한다.

참고문헌

Keeney DR, Nelson DW (1982) Nitrogen-inorganic forms. In: Page AL, Miller RH, Keeney DR (Eds.), Methods of Soil Analysis, Part 2: Chemical and Microbiological Properties. ASA and SSSA, Madison, Wisconsin, USA, pp. 643-698.

7 무기태 질소(NH_4^+, NO_3^-) 분석: 켈달 증류

7.1 실험 원리

○ 토양 용액 중의 NH_4^+을 강알칼리성의 고온에서 NH_3로 가스화하여 휘산 시켜서 냉각관에서 물분자와 응축시켜 생성된 염기성 물질인 NH_4OH를 산성 용액에 포집하여 산-염기 적정한다.

$$NH_4^+ + OH^- \rightarrow NH_{3(g)} + H_2O \rightarrow NH_4OH$$

$$NH_4OH + H^+ \rightarrow NH_4^+ + OH^-$$

○ 토양 용액 중의 NO_3^-는 Devarda's alloy와 반응시켜 NH_3로 환원시켜 NH_4^+과 동일한 원리로 증류 및 분석한다.

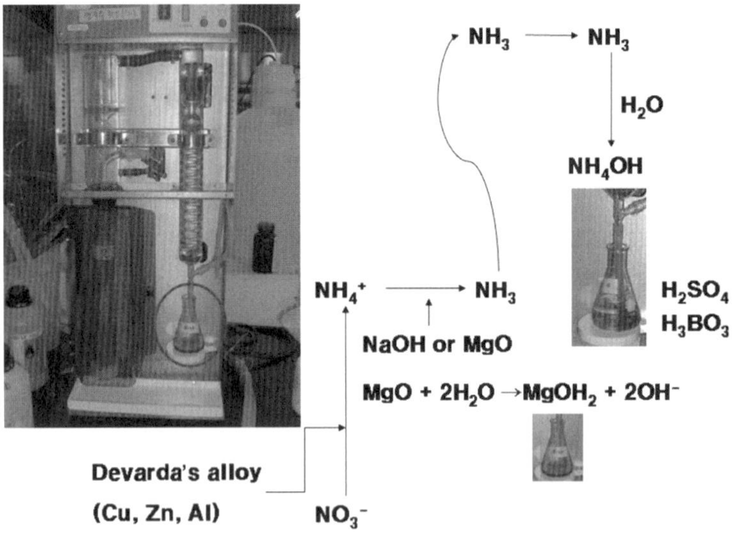

〈무기태 질소 증류 원리〉

7.2. 필요 시약 및 제조 방법

필요 시약

① 산화마그네슘(MgO)

② 데바다 합금(Devada's alloy)

③ 0.01 N 황산(H_2SO_4)

④ 0.01 N 수산화나트륨(NaOH)

⑤ 1 N 염산(HCl) - 세척용

⑥ 95% 에탄올(Ethanol) - 세척용

⑦ 보릭산(H_3BO_3)

제조 방법

1) 0.01 N H_2SO_4, 0.01 N NaOH(2 L 기준)

① 1 N H_2SO_4(0.01 N NaOH 용액 조제 시, 1 N NaOH) 표준 용액 20 mL를 홀 피펫으로 2 L V-flask에 정확하게 넣는다.

② 2 L로 부피를 맞춘다.

2) 1 N HCl(세척용)(1 L 기준)

① 진한 HCl(11.8 N) 100 mL를 메스실린더를 이용해 1 L 빈 통에 넣고 증류수로 부피를 맞춘다(세척용이기 때문에 농도가 정확할 필요 없음).

3) H_3BO_3(4 L 기준)

① H_3BO_3 80 g을 5 L 삼각플라스크에 넣고 증류수 3500 mL를 넣는다.

② 열을 가하여 교반하면서 녹인다.

③ 식힌 후 지시약 40 mL를 넣는다(이때 색깔은 녹색).

<지시약 : 100 mL V-flask에 0.099 g bromocresol green + 0.066 g methyl red를 넣고 에탄올로 녹인 후 부피를 맞춘다. 이때 V-flask 입구는 마개로 막는다. 만약 parafilm을 사용하고자 할 경우 두 장으로 막는다.>

④ pH 미터로 pH를 확인하면서 붉은 자색(포도주색)이 될 때까지(pH 5.0) 0.1 N NaOH를 파스퇴르 피펫을 이용해 조심스럽게 넣는다.

⑤ 최종 부피를 4 L로 맞춘다.

주의사항 NH_4^+ 포집에 H_3BO_3 사용 시, Blank 시료 적정에 0.01 N H_2SO_4가 0.2 mL 정도가 들어가야 한다.

7.3. 실험 장비

① 켈달 증류기기(Kjeldahl distillation apparatus)

② 디지털 뷰렛(Digital burette)

③ pH 미터(pH meter)

7.4. 증류

① 100 mL 삼각플라스크에 10 mL 홀 피펫을 이용해 H_3BO_3 용액을 넣어서 준비하고, 질소동위원소 분석 시에는 0.01 N H_2SO_4 10 mL를 100 mL 비커에 준비한다.

주의사항 일반 증류와 질소동위원소분석용 증류를 달리한다. 증류 방법에 대한 보다 구체적인 내용은 "7. 무기태 질소(NH_4^+, NO_3^-) 분석: 켈달 증류"를 참고한다.

② 증류 튜브 입구를 실리콘 마개로 막고 흔들어 균질화 시킨 후 분해액 25 mL를 채취하여 증류 튜브에 넣는다.

주의사항 질소 함량에 따라 사용할 분해액의 양은 달리한다.

③ 10 N NaOH 20 mL를 튜브에 넣고 증류하여 NH_4^+를 NH_3로 가스화 시켜서 H_3BO_3(일반 증류)나 0.01 N H_2SO_4(동위원소분석용)에 포집한다.

주의사항 10 N NaOH 양은 Blank 시료를 pH paper로 확인하여 pH 10 이상 될 정도로 넣어야 한다.

증류기기 사용법

① 증류에 사용되는 물 공급통에 증류수 8 L당 NaCl 0.3 g을 넣어준다. 공급통에 물이 충분히 있는지 항상 확인한다.

② 냉각수를 틀고 전원을 켠다.

주의사항 증류기기 사용 시 냉각수를 꼭 확인하고, 실험 후 냉각수를 잠근다. 냉각수를 너무 세게 틀면 관이 터질 수 있기 때문에 냉각관이 차가울 정도의 속도로 밸브를 연다.

③ 증류수로 한번 증류하여 증기의 온도를 높여준다.

④ 산이 담겨있는 비커를 증류액이 나오는 고무튜브 아래에 맞게 넣는다.

⑤ 증류 튜브 입구와 고무 사이가 새지 않도록 맞추고 튜브를 조금 돌려준다.

⑥ 덮개를 닫고 증류 스위치를 켠다.

⑦ 증류액은 40~50 mL정도 포집하고 증류가 끝나면 증류 스위치를 끄고 빨리 튜브를 뺀다.

⑧ 증류가 끝나면 증류수를 이용해 한번 세척하여 준다.

주의사항

1. Steam에 사용되는 물이 소모되면 통 안을 증류수로 한두 번 헹군 후에 증류수 8 L를 채운 후 NaCl 0.3 g을 넣어준다.
2. 증류기기 사용 시 시료가 바뀔 때마다 고무튜브 끝부분을 세척한다(이전 시료 증류액이 다음 시료의 결과치에 영향을 줄 수 있다).
3. 증류 시 시료는 튜브에 미리 넣어두어도 되지만 10 N NaOH는 증류 직전에 넣어야 한다. 10 N NaOH를 미리 넣으면 NH_3 휘산에 의해 질소 손실이 발생한다.

증류기기 세척 순서(질소동위원소 분석 시 시료 간 교차 오염 방지)

① 1 N HCl을 튜브에 적당량(튜브의 1/3 정도) 넣고 일정시간 동안 세척하여 염을 제거한다.

② 에탄올을 튜브의 1/3 정도 넣고 세척하여 잔류 질소를 제거한다.

③ 마지막으로 튜브에 증류수를 1/3 정도 넣고 세척한다.

주의사항 증류 후 세척 순서(HCl-Ethanol-증류수)를 잘 숙지한다.

7.5. 적정

※ 5장 “5. 토양 총질소 분석: 켈달 증류” 방법에 따라 적정한다.

7.6. 계산 방법

1) H_3BO_3으로 포집 시(0.01 N H_2SO_4로 적정): 간접적정(Indirect-titration)

$$N(mg\ N\ kg^{-1}) = (S-B) \times N \times 14 \times \frac{V2}{V1} \times \frac{1}{W} \times 1000$$

- S: 시료에 적정된 0.01 N H_2SO_4의 부피
- B: Blank에 적정된 0.01 N H_2SO_4의 부피(이론적으로 0 mL)
- 적정에 사용된 H_2SO_4의 농도(0.01)
- 14: 질소 당량 무게(14 mg meq^{-1})
- V1: 증류에 사용된 시료의 부피
- V2: 침출액 총 부피
- W: 토양 시료 무게(g)
- 1000: 토양 무게 g을 kg으로 환산 계수

※ 계산식 설명

- 질소에 의해 소비된 H_3BO_3을 적정한 H_2SO_4의 부피(S-B, mL)에 H_2SO_4의 노르말 농도(N)를 곱하면 질소의 당량(meq)이 된다. 질소 당량에 질소 당량 무게(14)를 곱하면 질소 양(mg)이 된다. 여기에 V2/V1을 곱하면 전체 침출액 중의 질소 양이 계산되고, 다시 토양 무게(g)을 나누어 주면 토양 g당 질소 mg이 계산된다. 최종적으로 1000을 곱해주면 토양 kg 당 질소 mg이 된다.

2) H_2SO_4으로 포집 시(0.01 N NaOH로 적정): 역적정(Back titration)

$$N(mg\ N\ kg^{-1}) = (B-S) \times N \times 14 \times \frac{V2}{V1} \times \frac{1}{W} \times 1000$$

- B: Blank에 적정된 0.01 N H_2SO_4의 부피(이론적으로 10 mL)
- S: 시료에 적정된 0.01 N H_2SO_4의 부피
- 적정에 사용된 H_2SO_4의 농도(0.01)
- 14: 질소 당량 무게(14 mg meq^{-1})
- V1: 증류에 사용된 시료의 부피
- V2: 침출액 총 부피
- W: 토양 시료 무게(g)
- 1000: 토양 무게 g을 kg으로 환산 계수

※ 계산식 설명

- H_3BO_3 포집과 기본 방법은 동일하다. 다만, H_2SO_4으로 포집할 경우, 역적정에 해당하여 (B-S)로 계산한다.

참고문헌

Feast NA, Dennis PE (1996) A comparison of methods for nitrogen isotope analysis of groundwater. Chemical Geology 129, 167-171.

Hauck RD (1982) Nitrogen-isotope-ratio analysis. In: Page AL, Miller RH, Keeney DR (Eds.), Methods of Soil Analysis, Part 2: Chemical and Microbiological Properties, ASA and SSSA, Madison, Wisconsin, USA, pp. 735-779.

Keeney DR, Nelson DW (1982) Nitrogen-inorganic forms. In: Page AL, Miller RH, Keeney DR (Eds.), Methods of Soil Analysis, Part 2: Chemical and Microbiological Properties. ASA and SSSA, Madison, Wisconsin, USA, pp. 643-698.

8
NH_4^+ 분석: Indo-phenol 비색법

8.1. 실험 원리

- ○ 알칼리성 조건에서 Salicylate와 Hypochlorite는 NH_4^+과 반응하여 청록색의 Indo-phenol을 형성한다. 형성된 Indo-phenol은 파장 667 nm에서 측정되며, 검출한계는 0.0002 mg NH_4^+-N이다.
- ○ 발색 반응을 위해 Sodium nitroprusside와 Ethylenediaminetetraacetic acid reagent (EDTA)를 넣는데, Sodium nitroprusside는 발색 반응을 촉진시키며, EDTA는 다가(Polyvalent) 양이온의 침전을 방지한다.

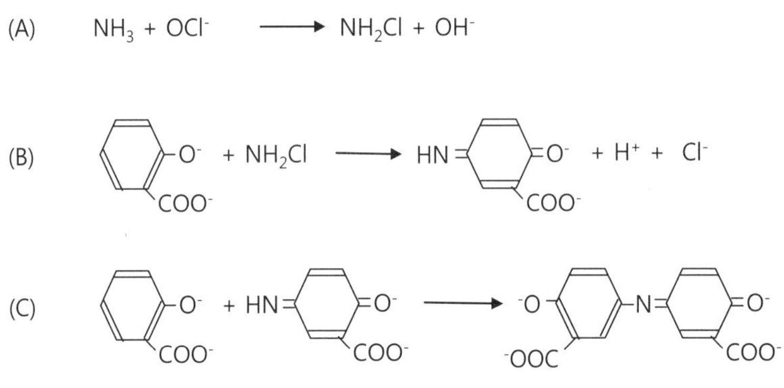

(A) Monochlroamin formation
(B) Oxidative imination of salicylate
(C) Coupling reaction to form indophenol

〈Indo-phenol 발색 반응〉

8.2. 필요 시약 및 제조 방법

필요 시약

① Sodium salicylate-sodium nitroprusside reagent

② Buffered hypochlorite reagent

③ Ethylenediaminetetraacetic acid reagent(EDTA)

④ Standard ammonium solution

시약 제조 방법

1) Sodium salicylate-sodium nitroprusside reagent
(100 mL 기준, 시료 1점 당 8 mL 소비)

① Sodium salicylate 7.183 g과 Sodium nitroprusside 0.125 g을 100 mL 삼각플라스크에 넣고 교반하며 증류수 80 mL로 녹인다.

② 100 mL V-flask로 부피를 맞춘다.

주의사항 시약은 갈색 병에 담아 냉장보관하며, 1주일 보관 가능하다. 따라서, 가급적 새로운 시약을 제조하여 실험한다.

2) Buffered hypochlorite reagent(100 mL 기준, 시료 1점 당 4 mL 소비)

① 100 mL 비커에 증류수 60 mL를 넣고 NaOH 2.96 g을 녹인다.

주의사항 증류수를 먼저 넣고 교반하면서 NaOH 시약을 넣어 녹인다.

② 가열한 상태에서 Sodium monohydrogen phosphate heptahydrate($NaHPO_4 \cdot 7H_2O$) 9.96 g을 넣고 녹인다.

③ Sodium hypochlorite(용액 시약) 10 mL를 넣는다.

④ 용액의 pH를 측정하고, 필요할 경우 0.1 N NaOH 용액으로 pH를 13.0으로 조정한다.

⑤ 100 mL V-flask에 유리깔때기를 이용하여 옮겨 담은 후 부피를 맞춘다.

주의사항 만든 시약은 2~3시간 내에 사용해야 한다. 따라서, 이 시약은 실험 직전에 제조한다.

3) Ethylenediaminetetraacetic acid reagent(EDTA)(100 mL 기준)

① Disodium EDTA 염(Na_2EDTA) 6 g과 증류수를 100 mL 삼각플라스크에 넣고 가열

하면서 녹인다.

② 100 mL V-flask로 부피를 맞춘다. 만든 시약은 1주일간 보관 가능하다. 따라서, 가급적 새로운 시약을 제조하여 실험한다.

4) Standard ammonium solution(250 mL 기준)

① $(NH_4)_2SO_4$ 1.179 g을 250 mL V-flask에 증류수로 녹여 부피를 맞춘다.

② 이 용액의 질소 농도는 1000 ppm이다.

8.3. 실험 기구 및 장비

실험 기구

① 100 mL, 250 mL V-flask

② 100 mL 삼각플라스크

③ 100 mL 비커

④ 100 mL 갈색 병

⑤ 유리 깔때기

⑥ 80 mL cap 시험관

실험 장비

① 자석교반기(Magnetic stirrer)

② 항온진탕배양기 또는 항온수조(Shaking water bath)

③ 분광광도계(Spectrophotometer)

8.4. 실험 방법

① 침출액 시료 5 mL를 80 mL 시험관에 넣고, EDTA 용액 2 mL를 넣은 후 잘 흔든다.

주의사항 파라필름은 용매에 녹기 때문에, 뚜껑이 있는 시험관을 사용한다.

② Salicylate-nitroprusside 용액 8 mL를 넣고 흔든 후, 디스펜서나 메스실린더를 이용하여 증류수 25 mL를 넣는다(디스펜서 이용 시 부피 정확도를 확인한다).

③ Buffered hypochlorite 용액 4 mL를 넣은 직후 증류수 6 mL를 넣어 최종 부피를 50 mL로 하고 다시 잘 흔든다.

④ 80 mL 시험관을 37℃로 맞춘 진탕 항온수조에 30분간 넣어서 발색시킨다.

주의사항 기다리는 동안 분광광도계의 전원을 미리 켜놓는다.

⑤ 상온에서 약 10분간 방랭 후 667 nm에서 흡광도를 측정한다.

주의사항 분광광도계 사용 시 큐벳의 투명한 부분은 빛이 통과하는 부분이므로 더럽히거나 흠집이 생기지 않도록 주의한다.

8.5. 검정곡선 작성

① 질소 표준용액을 이용하여 농도 0~1 mg N L^{-1}의 보정곡선을 만들 수 있다.

② 1000 mg N L^{-1} 표준용액으로 2차 표준용액(10 mg N L^{-1})을 만든다.

※ 100 mL V-flask에 1000 mg N L^{-1} 표준용액 1 mL를 넣고 부피를 맞추면 10 mg N L^{-1} 표준용액이 된다.

※ 1000 ppm × X mL = 10 ppm × 100 mL, X = 1 mL

③ 80 mL 시험관에 10 mg N L^{-1} 표준용액과 증류수를 원하는 비율로 총 36 mL 넣는다. 각종 발색 시약 14 mL가 추가되면 최종 부피는 50 mL가 된다.

목표 NH_4^+ 농도 (mg N L^{-1})	2차(10 mg N L^{-1}) 표준용액 (mL)	증류수 (mL)
0.0	0.0	36
0.1	0.5	35.5
0.2	1.0	35.0
0.4	2.0	34.0
0.6	3.0	33.0
0.8	4.0	32.0
1.0	5.0	31.0

※ 소수점 단위의 증류수는 마이크로 피펫을 이용한다.

④ 시료와 마찬가지로 EDTA 용액 2 mL와 Salicylate-nitroprusside 용액 8 mL, Buffered hypochlorite 용액 4 mL를 넣고 부피를 맞추어 37℃로 맞춘 항온 수조에서 30분간 발색시킨다.

⑤ 표준용액의 농도(STD)를 X축, 흡광도(ABS)를 Y축으로 하는 1차 회귀식으로 검정곡선을 작성한다.

주의사항 표준용액 제조 시 matrix 별로 사용하는 희석용액의 종류를 달리한다. 예를 들면, 2 M KCl 침출액의 경우 2 M KCl로 희석하고, 0.5 M K_2SO_4의 경우 0.5 M K_2SO_4로 희석한다.)

STD (mg NH_4^+-N L^{-1})	ABS at 667 nm
0.0	0.000
0.1	0.030
0.2	0.111
0.4	0.223
0.6	0.339
0.8	0.457
1.0	0.614

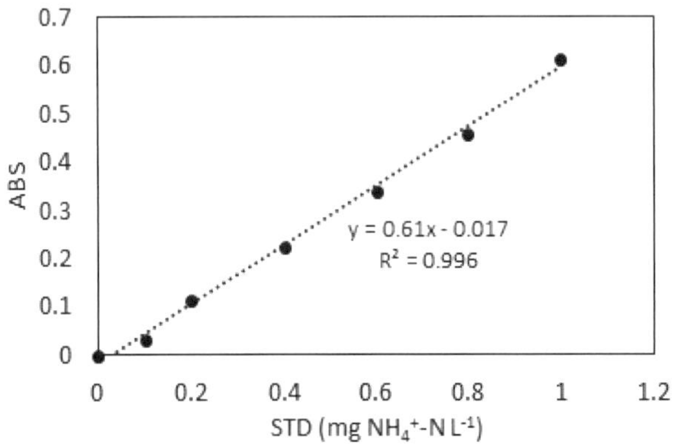

〈NH_4^+ 비색법 검정곡선〉

〈NH_4^+ 비색법 발색〉

8.6. 계산 방법

$$N_T(\text{mg L}^{-1}) = \frac{\text{시료의 흡광도(ABS)}}{\text{Calibration curve(보정곡선)의 기울기}}$$

- N_T : 시험관 내 발색 용액 중 질소 농도

$$\text{Soil } NH_4^{+}\text{-N(mg N kg}^{-1}) = NT \times \frac{50 \text{ mL}}{1000 \text{ mL}} \times \frac{100 \text{ mL}}{5 \text{ mL}} \times \frac{1}{S} \times 1000 \text{ g kg}^{-1}$$

- 50/1000 : Tube에 담긴 50 mL 용액에 함유된 질소 양 환산 계수
- 100/5 : 침출액 전체 부피(100 mL)에 함유된 질소 양 환산 계수
- S : 토양 무게(g)
- 1000 : 토양 무게 kg 단위 환산 계수

참고문헌

Mulvaney RL (1996) Nitrogen-Inorganic forms. In: Sparks DL, Page AL, Helmke RH, Loeppert PN, Soltanpout MA, Tabatabai MA, Johnston CT, Sumner ME (Eds.), Methods of Soil Analysis, Part 2: Chemical Methods. ASA and ASSSA, Madison, Wisconsin, USA, pp. 1123-1284.

9
NO_3^- 분석: Vanadium 환원 비색법

9.1. 실험 원리

○ Vanadium(3가)는 NO_3^-를 NO_2^-로 환원시키고, NO_2^-는 Griess 시약(Sulfanilic acid와 N-(1-naphthalenediamine) 혼합 시약)과 반응하여 Azo dye를 형성한다. 형성된 Azo dye는 파장 540 nm에서 흡광도를 측정하며, 검출 한계는 0.01 ppm이다.

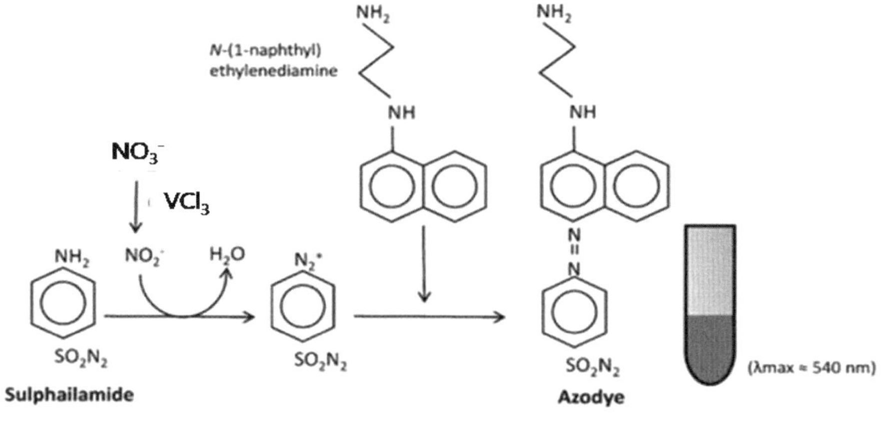

〈Vanadium 환원 발색 원리〉

9.2. 필요 시약 및 제조 방법

필요 시약

① 1 M 염산(HCl)

② VCl_3(Vanadium Chloride Ⅲ)

주의사항 VCl_3를 보관할 때에는 저온의 진공상태에서 어둡게 보관해야 한다.(Vacuum desiccator에 넣어서 냉장고 보관)

③ Sulfanilamide

④ N-ethylenediamine dihydrochloride(NEDD)

⑤ KNO_3

제조 방법

1) Vanadium 시약(100 mL 기준)

① 100 mL 비커에 1 M HCl 50 mL와 VCl_3 400 mg을 넣고 약 10분간 교반하여 용해시킨다.

② 침전물이 있을 경우 syringe filter(1 micrometer pore)로 여과한다.

주의사항 Vanadium 시약은 흄후드에서 마스크와 장갑을 착용하고 제조한다.

2) Griess 시약

① 250 mL 비커에 1 M HCl 100 mL와 sulfanilamide 200 mg, N-ethylenediamine dihydrochloride(NEDD) 10 mg을 넣고 용해시킨다.

② 제조한 Vanadium 시약과 혼합한다.

③ 호일에 싸서 사용 시까지 냉장 보관 하며, 매 분석 시 새로 제조한다.

3) Standard nitrate solution(250 mL 기준)

① KNO_3 1.804 g을 250 mL V-flask에 증류수로 녹여 부피를 맞춘다.

② 이 용액은 1000 ppm N을 함유한다.

9.3. 실험 기구 및 장비

실험 기구

① 100 mL, 250 mL V-flask

② 100 mL 삼각플라스크

③ 100 mL 비커

④ 100 mL 갈색 병

⑤ 유리 깔때기

⑥ 항온진탕배양기 또는 항온수조(Shaking water bath)

⑦ 80 mL cap 시험관

주의사항 파라필름은 용매에 녹으므로, 뚜껑이 있는 시험관을 사용한다.

실험 장비

① 자석교반기(Magnetic stirrer)

② 진탕 항온수조(Shaking water bath)

③ 분광광도계(Spectrophotometer)

9.4. 실험 방법

① 다음과 같이 시료의 질소 농도를 달리하여 시료와 Griess 시약을 시험관 안에서 혼합한다.

시료의 예상 NO_3^- 농도 (mg NO_3^--N L^{-1})	시료 부피 (mL)	Griess 시약 부피 (mL)
1〈	10	4
1~5	1	10
5~10	0.5	10
10~20	0.2	10

② 증류수를 넣어 부피를 50 mL로 맞춘다.

③ 시험관을 60℃로 맞춘 진탕 항온수조에 2시간 넣어서 발색 시킨다.

④ 상온에서 충분히 식힌 후 540 nm에서 흡광도를 측정한다.

주의사항 분광광도계 사용 시 큐벳의 투명한 부분은 빛이 통과하는 부분이므로 더럽히거나 흠집이 생기지 않도록 주의한다.

9.5. 검정곡선 작성

① 질소표준용액을 이용하여 농도 0~2 mg N L^{-1}의 보정곡선을 만들 수 있다.

② 1000 mg N L^{-1} 표준용액으로 2차 표준용액(5 mg N L^{-1})을 만든다.

※ 100 mL V-flask에 1000 mg N L^{-1} 표준용액 0.5 mL를 넣고 부피를 맞추면 5 mg N L^{-1} 표준용액이 된다.

※ 1000 ppm × X mL = 5 ppm × 100 mL, X = 0.5 mL

④ 80 mL 시험관에 5 mg N L^{-1} 표준용액을 원하는 목표치의 비율로 넣어준다.

주의사항 소수점 단위의 증류수는 마이크로 피펫을 이용한다.

목표 NO_3^--N 농도 ($mg\ NO_3^-$-N L^{-1})	2차(5 mg N L^{-1}) 표준용액 (mL)	증류수 (mL)
0	0	46.0
0.01	0.1	45.9
0.02	0.2	45.8
0.04	0.4	45.6
0.08	0.8	45.2
0.12	1.2	44.8
0.16	1.6	44.4
0.20	2.0	44.0

⑤ 시료와 마찬가지로 Griess 시약 4 mL를 넣고 부피를 맞춘 후 60℃ 항온수조에서 2시간 발색시킨다.

⑥ 표준용액 농도(STD)를 X축, 흡광도(ABS)를 Y축으로 하는 1차 회귀식으로 검정곡선을 작성한다.

주의사항 표준용액 제조 시 matrix 별로 사용하는 희석용액의 종류를 달리한다. 예를 들면, 2 M KCl 침출액의 경우 2 M KCl로 희석하고, 0.5 M K_2SO_4의 경우 0.5 M K_2SO_4로 한다.)

STD ($mg\ NO_3^-$-$N\ L^{-1}$)	ABS at 540 nm
0.00	0.000
0.01	0.011
0.02	0.027
0.04	0.060
0.08	0.118
0.12	0.178
0.16	0.228
0.20	0.290

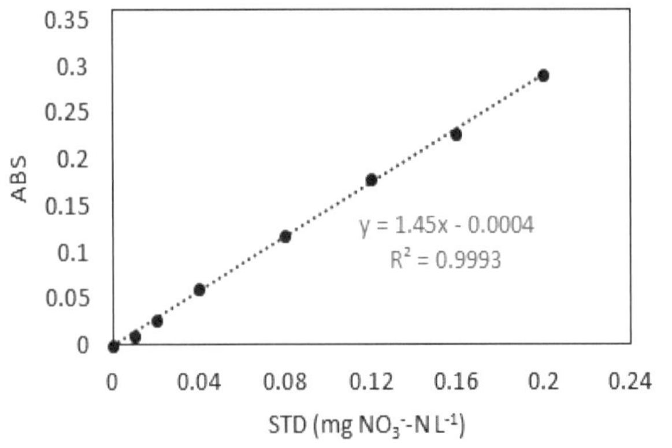

〈NO_3^- 비색법 검정곡선〉

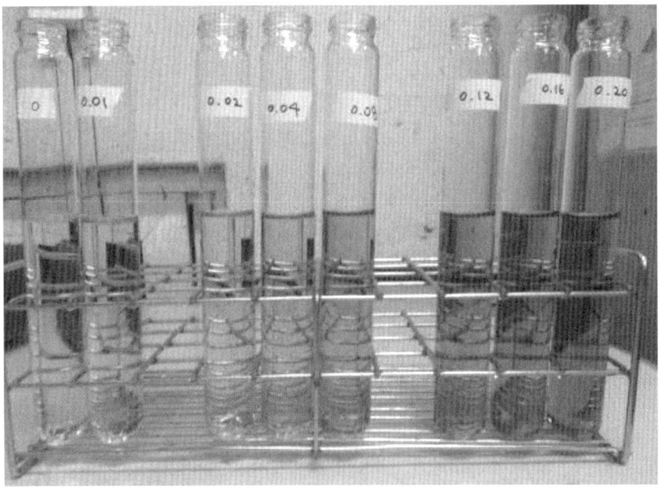

〈NO_3^- 비색법 발색〉

9.6. 계산 방법

$$N_T(mg\ L^{-1}) = \frac{\text{시료의 흡광도(ABS)}}{\text{Calibration curve(보정곡선)의 기울기}}$$

$$\text{Soil } NO_3^-(mg\ N\ kg^{-1}) = N_T \times \frac{50\ mL}{1000\ mL} \times \frac{100\ mL}{10\ mL} \times \frac{1}{S} \times 1000\ g\ kg^{-1}$$

- 50/1000 : Tube에 담긴 50 mL 용액에 함유된 질소 양 환산 계수

- 100/10 : 침출액 전체 부피(100 mL)에 함유된 질소 양 환산 계수
- S : 토양 무게(g)
- 1000 : 토양 무게 kg 단위 환산 계수
- N_T : 시험관 내 발색 용액 중 질소 농도

참고문헌

Doane T, Horwath WR (2003) Spectrophotometric determination of nitrate with a single reagent. Analytical Letters 36, 2713-2722.

10
질소 비료(요소)

10.1. 실험 원리

○ 요소(Urea, $CO(NH_2)_2$)는 화학적으로 중성인 비료로 우리나라에서 가장 많이 사용되는 질소질 비료이다.

○ 요소와 DAM(Diacetyl monoxime)이 산성조건에서 반응하여 발색하는 원리를 이용하여 분석한다. 발색 반응에서 발생하는 여러 간섭 효과 등 문제점은 TSC(Thiosemicarbazide), H_3PO_4, H_2SO_4 등을 처리하여 적절한 조건을 만들어주면 감소시킬 수 있다.

○ 시비 후 요소 농도 변화를 조사하여 토양의 요소 가수분해효소(Urease) 활성을 평가할 수 있다.

10.2. 필요 시약 및 제조 방법

필요 시약

① Phenylmercuric acetate(PMA, Mw: 336.730 g mol^{-1})

※ 요소의 가수분해를 억제하는 역할을 한다.

② 2 M 염화칼륨(KCl)-PMA 혼합용액

③ Diacetyl monoxime(DAM)

④ Thiosemicarbazide(TSC)

⑤ Acid reagent(인산(H_3PO_4) + 황산(H_2SO_4) 혼합용액)

⑥ 발색시약(DAM + TSC 혼합용액)

⑦ 요소(urea) 표준용액

제조 방법

1) PMA solution

① 증류수 1 L에 PMA 50 mg을 녹인다.

주의사항 PMA가 녹는데 오래 걸리므로 다음 단계의 KCl을 녹이기 전에 미리 시작하는 것을 권장한다.

2) 2 M KCl-PMA

① 5 L 삼각플라스크에 증류수를 절반쯤 채운다.

② 교반 하면서 KCl 800 g을 녹인다.

③ KCl이 다 녹으면 5 L로 부피를 맞춘 후 10 L 통에 옮겨 담는다.

④ 다시 삼각플라스크에 증류수를 절반쯤 채우고 KCl 700 g을 녹인다.

⑤ PMA 용액 1 L를 넣고 5 L로 부피를 맞춘 후 같은 10 L 통에 옮겨 담는다.

※ 최종적으로 10 L에 KCl 1500 g, PMA 50 mg을 녹인 것이다.

3) DAM solution: 증류수 100 mL에 DAM 2.5 g을 녹인다.

4) TSC solution: 증류수 100 mL에 TSC 0.25 g을 녹인다.

5) Acid reagent

① 500 mL V-flask에 증류수를 100 mL 정도 채운다.

② 메스실린더를 이용해 H_3PO_4(85%)를 300 mL 넣는다.

③ 피펫을 이용해 진한 H_2SO_4 10 mL를 넣는다.

④ 잘 흔들어준 후 500 mL로 부피를 맞춘다.

주의사항 발열 반응으로 인해 부피가 늘어나므로, 용액이 상온으로 식은 후 부피가 줄어들면 500 mL로 맞춰준다.

6) 발색시약

① 500 mL의 Acid reagent에 DAM 25 mL, TSC 10 mL를 넣는다.

주의사항 사용하기 직전에 만들어야 한다.

7) 요소(urea) 표준용액(1000 mg L^{-1})

① 건조 후 데시케이터에서 보관된 urea 1.0 g을 2 M KCl-PMA 1 L에 녹인다.

10.3. 실험 기구 및 장비

실험 기구

① 1 L 비커

② 5 L 삼각플라스크

③ 20 L 증류수 통

④ 50 mL, 100 mL, 500 mL V-flask

⑤ 100 mL 메스실린더(Measuring cylinder)

⑥ 10 mL 홀 피펫(hole-pipette)

⑦ 250 mL 플라스틱 광구병

⑧ 여과지(Whatman 42번, 또는 Advantec 5C)

실험 장비

① 자석교반기(Magnetic stirrer)

② 화학 저울(Chemical balance)

③ 데시케이터(Desiccator)

④ 교반기(Shaker)

⑤ 분광광도계(Spectrophotometer)

10.4. 실험 방법

① 250 mL 플라스틱 광구병에 토양 10 g(퇴비의 경우 5 g)과 2 M KCl-PMA 100 mL를 넣고 250 rpm에서 1시간 동안 진탕한다.

② Whatman 42번 여과지(또는 Advantec 5C)를 이용해 여과한다.

③ Urea-N이 70 ㎍ 정도가 되도록 마이크로피펫을 이용해 침출액을 1~10 mL를 취하여 50 mL V-flask에 넣는다.

주의사항 이후 과정에서 V-flask 가열 시 번호가 지워지지 않도록 플라스크 윗부분에 라벨 테이프를 두세 번 감은 후 번호를 써놓는다.

④ 2 M KCl-PMA 10 mL와 발색시약 30 mL를 넣은 후 마개를 씌워 몇 초 동안 흔들어준다.

⑤ 흄후드에 항온수조를 설치하고, 끓는 물(100℃)에 플라스크를 담그고 27분 동안 가열한다(가열하는 동안 색깔이 적자색으로 바뀐다).

주의사항 가열되는 지점에 따라 온도가 다르므로 주기적으로 자리를 바꿔주고, 플라스크가 넘어질 수 있으므로 계속 관찰한다.

⑥ 가열한 후 15분 동안 흐르는 물에 식혀준다.

주의사항 색 손실이 일어날 수 있으므로 가열 후 곧바로 식혀준다.

⑦ 증류수로 50 mL로 부피를 맞춘 후에 마개를 씌워서 잘 섞이도록 흔들어준다.

⑧ 분광광도계로 527 nm에서 흡광도를 측정한다.

주의사항 분광광도계 사용 시 큐벳의 투명한 부분은 빛이 통과하는 부분이므로 더럽히거나 흠집이 생기지 않도록 주의한다.

10.5. 검정 곡선

① 미리 만들어둔 표준용액(1000 mg urea L^{-1}) 10 mL를 홀 피펫을 이용해 100 mL V-flask에 넣는다.

② 증류수로 부피를 맞추어 2차 표준용액(100 mg urea L^{-1})을 만든다.
(1000 mg L^{-1} × X mL = 100 mg L^{-1} × 100 mL ∴X = 10 mL)

③ 다음의 표를 참고하여 마이크로 피펫을 이용해 50 mL V-flask 8개에 각각 2차 표준용액을 정확하게 넣는다.
(1 mL 마이크로피펫을 이용해 0.2～1.0 mL까지 맞춰서 넣어주고 1.2와 1.5는 1 mL 넣은 후 0.2, 0.5 mL를 더 넣어준다.)

목표 요소(urea) 농도(mg urea L^{-1})	2차(100 mg urea L^{-1}) 표준용액(mL)
0	0
0.4	0.2
0.8	0.4
1.2	0.6
1.6	0.8
2.0	1.0
2.4	1.2
3.0	1.5

④ 실험 방법(10.4)의 발색과정(④번 과정부터)을 동일하게 실시한다.

⑤ 표준용액의 농도(STD)를 X축 흡광도(ABS)를 Y축으로 하는 1차 회귀식으로 검정곡선을 작성한다.

STD (mg urea L^{-1})	ABS at 527 nm
0	-0.0005
0.4	0.0465
0.8	0.1100
1.2	0.1630
1.6	0.2231
2.0	0.2973
2.4	0.3460
3.0	0.4366

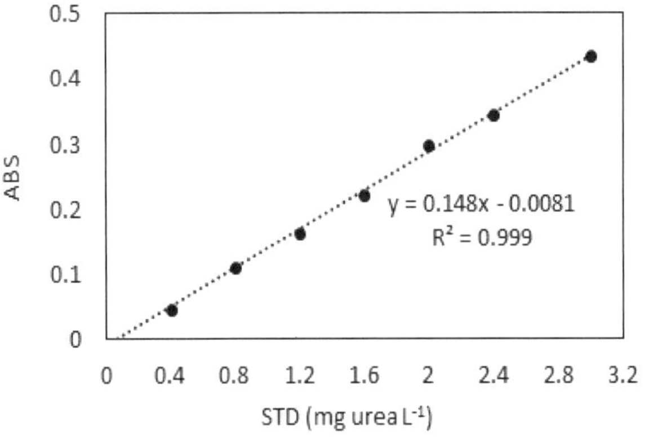

〈요소 비색법 검정곡선〉

10.6. 계산 방법

$$A(mg\ L^{-1}) = \frac{\text{흡광도(ABS)}}{\text{추세선의 기울기}}$$

$$\text{Urea-N}(mg\ kg^{-1}) = A \times V \times \frac{1}{1000} \times \frac{B}{C} \times \frac{1}{S} \times 1000\ g\ kg^{-1}$$

- A : V-flask내 urea 농도(mg L^{-1})
- V : 사용한 V-flask의 부피(mL)
- B : 침출에 사용한 2 M KCl-PMA의 부피(mL)

- C : 발색에 사용한 침출액의 부피(mL)
- S : 침출에 사용한 시료의 무게(g)
- 1000 : 토양 무게 kg 단위 환산 계수

참고문헌

Mulvaney RL, Bremner JM (1979) A modified diacetyl monoxime method for colorimetric determination of urea in soil extracts. Communications in Soil Science and Plant Analysis 10, 1163-1170.

11
총인

11.1. 실험 원리

○ 토양 총인은 유기태 인과 무기태 인으로 구성된다. $HClO_4$와 HNO_3으로 유기태인과 무기태인을 모두 정인산(Ortho-phosphate, PO_4^{3-})으로 산화시킨다.

○ Ortho-phosphate(PO_4^{3-}) 이온이 산성 조건에서 Molybdate와 결합하여 형성되는 Phosphomolybdate 착물이 Ascorbic acid나 $SnCl_2$에 의해 환원되어 청색을 띠는 원리를 이용한 것이다. Ascorbic acid를 환원제로 사용하면 $SnCl_2$를 사용할 때와 비교하여 색 간섭에 덜 민감하고 착물(Phosphomolybdate complex)이 더 오랫동안 안정한 상태로 존재한다(24시간).

11.2. 필요 시약 및 제조 방법

필요 시약

① 진한 질산(HNO_3)

② 60% 과염소산($HClO_4$)

③ 10 N 황산(H_2SO_4)

④ Stock Solution

※ 몰리브덴산암모늄(Ammonium molybdate, $(NH_4)_6Mo_7O_{24}\cdot4H_2O$)과 타타르산안티모니칼륨(Potassium antimony tartrate, $KSbO\cdot C_4H_4O_6$)

⑤ 아스코르빈산(Ascorbic acid)

⑥ 인산이수소칼륨(Potassium dihydrogen phosphate, KH_2PO_4) - 표준용액

⑦ 2 N 황산(H_2SO_4)

⑧ 5 N 수산화나트륨(NaOH)

⑨ *p*-Nitrophenol(지시약)

제조 방법

1) 10 N H_2SO_4(1 L 기준)

① 1 L V-flask에 증류수를 반쯤 채우고 진한 황산 282 mL를 조심스럽게 넣는다.

② 흔들면서 혼합 후 식으면 1 L로 부피를 맞춘다.

2) Stock Solution

① 1 L 비커에 증류수 600 mL 정도를 넣고 ammonium molybdate[$(NH_4)6Mo7O_{24}\cdot 4H_2O$] 40 g을 녹인다.

② 200 mL V-flask에 potassium antimony tartrate($KSbO\cdot C_4H_4O_6$) 1.0 g을 넣고 녹인다(0.5% 용액이 된다).

주의사항 Sb는 발색시간을 앞당기고 발색을 위해 용액을 가열하는 과정을 생략 가능하게 한다.

③ 2 L V-flask에 ①번 용액과 ②번 용액, 10 N H_2SO_4 900 mL를 넣고 부피를 2 L로 맞춘다.

주의사항 갈색 유리병에 넣어 냉암소에 보관한다.

3) 발색시약

① 100 mL V-flask에 ascorbic acid 1.5 g을 넣고 stock solution으로 녹인 후 부피를 맞춘다.

주의사항 사용할 때마다 필요한 만큼 제조하여 만든 후 냉암소에 보관하고 8시간 이내에 사용한다.

4) 인산 표준용액(100 mL 기준)

① 100 mL V-flask에 오븐에서 건조한 KH_2PO_4 0.4393 g을 정확하게 넣고 증류수를 가해 잘 녹인다.

② 다 녹으면 파스텔 피펫을 이용해 toluene 1~2방울을 넣는다.

※ Toluene은 미생물의 활동을 억제한다.

③ 증류수로 부피를 100 mL로 맞춘다. 이 용액은 1000 ppm P를 함유한다.

5) 2 N H_2SO_4(1 L 기준)

① 1 L V-flask에 증류수를 절반쯤 채운 후 진한 황산(H_2SO_4) 55.6 mL를 조심스럽게 넣는다.

② 잘 흔들어주면서 섞어주고 용액이 상온으로 식은 후 부피를 1 L로 맞춘다.

6) 5 N NaOH(2 L 기준)

① 플라스틱 병(2 L 증류수 통)에 증류수를 절반쯤 넣는다.

② 후드 안에서 교반하면서 NaOH 400 g을 조금씩 넣으면서 녹인다.

③ 온도가 충분히 내려간 후에 2 L로 부피를 맞춘다.

주의사항 고농도 NaOH는 유리를 녹이기 때문에 꼭 플라스틱 용기에서 제조 및 보관한다.

7) *p*-Nitrophenol 지시약(100 mL 기준)

① 100 mL V-flask에 *p*-Nitrophenol 0.25 g을 넣고 잘 흔들어 녹인다.

② 100 mL로 부피를 맞춘다.

주의사항 이 지시약의 변색 pH는 3이며, 산성에서는 무색, 알칼리성에서는 황색이다.

11.3. 실험 기구 및 장비

실험 기구

① 분해 튜브(Digestion tube)

② 마이크로 피펫(Micropipette)

실험 장비

① 분해대(Block digester)

② 분광광도계(Spectrophotometer)

11.4. 실험 방법

1) 분해

① 건조하여 볼밀로 곱게 분쇄한 고체시료(토양 0.25 g, 퇴비 0.1 g), 또는 액체시료(액비 1 mL, 토양 침출액 10 mL)를 기벽에 묻지 않도록 조심하면서 분해 튜브에 넣고 진한 HNO_3 2.5 mL을 가하여 하룻밤 동안 후드에 방치한다.

주의사항

1. 분해 튜브는 사전에 80 mL 용량 지점을 표시해둔다(메스실린더를 이용하여 증류수 80 mL를 튜브에 넣고 해당 높이에 표시한다). 튜브에 80 mL 용량 표시가 어려울 경우에는 최종 분해액을 메스실린더에 담아서 부피를 80 mL로 맞춘다.
2. Blank 튜브는 시료 없이 3개 준비한다.

② 분해 튜브를 분해대에 올려 80°C에서 1시간 동안 분해한다.

③ 상온에서 식힌 후 $HClO_4$ 2.5 mL를 가하고 다시 180~200°C에서 분해액이 맑아질 때까지 가열한다. 분해액이 맑아지지 않으면 상온으로 식힌 후 $HClO_4$을 상태에 따라 1 mL~2 mL를 가한 후 다시 가열을 반복한다.

④ 분해액이 맑아지면 80°C에서 $HClO_4$의 흰 연기가 날 때까지 가열하고, 식힌 후 증류수로 부피를 80 mL로 맞춘다.

⑤ 부유물질이 있을 경우, 여과를 하거나 상등액만 사용한다.

주의사항 분해 시 분해대의 온도가 균일하지 않으므로 분해 튜브의 위치를 한 번씩 바꿔준다.

2) 산분해액 pH조정

① 산분해액이 발색되기 위해서는 pH 5 조건이 되어야 한다.

② 100 mL V-flask에 산분해액 25 mL를 옮긴 후 지시약 *P*-nitrophenol을 2방울(반드시 모든 시료에 동일한 양의 지시약을 넣는다) 넣고 노란색으로 변할 때까지 5 N NaOH를 눈금 스포이드로 넣는다. 이때 리트머스종이로 시험하면 짙은 파란색(pH 14정도)이 된다. 이후 2 N H_2SO_4를 파스퇴르 피펫을 이용하여 무색이 될 때까지 주입한다. 이때 리트머스종이로 시험하면 옅은 노란색인 pH 5정도가 된다.

주의사항 pH 조정 시 확실치 않을 경우는 리트머스 종이를 활용한다.

3) 측정

① pH가 조정된 분해액 5 mL(0.04~0.8 ppm P 가 되도록)를 홀피펫이나 마이크로

피펫을 이용해 80 mL 시험관에 넣고 발색시약 5 mL를 넣는다. 이때 증류수 20 mL를 넣고 손으로 흔들어서 반응시킨 후 약 10분 방치한다. 만약, 일부 시료가 발색되지 않거나 색이 옅은 경우 여액 5~10 mL를 추가하여 반응시킨다. 필요할 경우 이 과정을 반복한다.

주의사항 이때 각 시험관의 최종 용액 부피를 정확히 기록한다.

② 10분 후에 720 nm에서 흡광도를 측정한다.

주의사항 흡광도 측정 시 큐벳의 투명한 부분은 빛이 통과하는 부분이므로 더럽히거나 흠집이 생기지 않도록 주의한다.

11.5. 검정곡선

① 미리 만들어둔 표준용액(1000 mg P L^{-1}) 1 mL를 마이크로 피펫을 이용해 100 mL V-flask에 넣는다.

② 증류수로 부피를 100 mL로 맞추어 2차 표준용액(10 mg P L^{-1})을 만든다.
(1000 mg L^{-1} × X mL = 10 mg L^{-1} × 100 mL ∴X = 1 mL)

③ 마이크로 피펫을 이용해 50 mL V-flask에 다음 표에 있는 양만큼 2차 표준용액을 정확하게 넣는다.

목표 P 농도(mg P L^{-1})	2차(10 mg P L^{-1}) 표준용액(mL)
0	0
0.1	0.5
0.2	1.0
0.4	2.0
0.6	3.0
0.8	4.0
1.0	5.0

④ 시료와 마찬가지로 발색시약 5 mL를 넣고 발색시킨다.

⑤ 표준용액의 농도(STD)를 X축 흡광도(ABS)를 Y축으로 하는 1차 회귀식으로 검정곡선을 작성한다.

주의사항 검정곡선은 일반적으로 흡광도를 1 이내로 하고, 인산 농도가 높아 적정 흡광도 측정범위를 벗어나는 시료의 경우, 희석하거나 여액 분석량을 줄여 다시 측정한다.

STD (mg P L^{-1})	ABS at 720nm
0.0	0.000
0.1	0.067
0.2	0.148
0.4	0.305
0.6	0.456
0.8	0.629
1.0	0.776

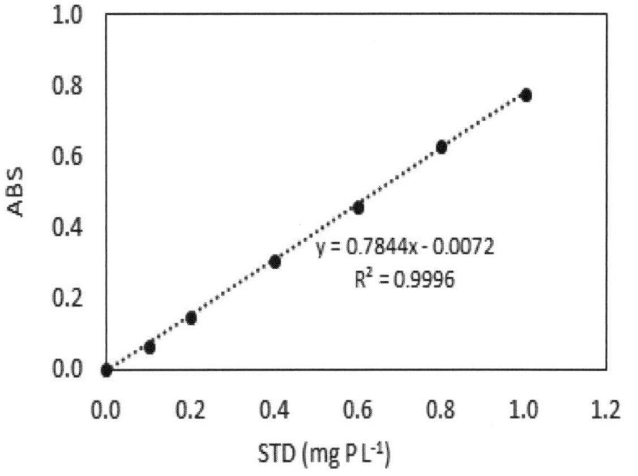

〈인산 비색법 검정곡선〉

11.6. 계산 방법

$$P_T(\text{mg } L^{-1}) = \frac{\text{시료의 흡광도(ABS)}}{\text{보정곡선의 기울기}}$$

- P_T : Tube 내 발색 용액 중 인 농도

$$\text{Soil T-P(mg P kg}^{-1}) = P_T \times \frac{V_T \text{ mL}}{1000 \text{ mL}} \times \frac{100 \text{ mL}}{5 \text{ mL}} \times \frac{80 \text{ mL}}{25 \text{ mL}} \times \frac{1}{S} \times 1000 \text{ g kg}^{-1}$$

- V_T : 발색 용액의 부피(mL)
- V_T/1000 : Tube에 담긴 V_T mL 용액에 함유된 인 양 환산 계수
- 100/5 : pH 조정 용액 전체 부피(100 mL)에 함유된 인 양 환산 계수
- 80/25 : 시료 산분해액 전체 부피(80 mL)에 함유된 인 양 환산 계수
- S : 시료 무게(g)
- 1000 : 토양 무게 kg 단위 환산 계수

참고문헌

Kuo S (1996) Phosphorus. In: Sparks DL, Page AL, Helmke PA, Loeppert RH, Soltanpour PN, Tabatabai MA, Johnston CT, Sumner MA (Eds.), Methods of Soil Analysis Part 3: Chemical Methods. ASA and SSSA, Madison, Wisconsin, USA, pp. 869-919.

12 유효인산

12.1. 실험 원리

○ 인산은 토양에서 금속이온(Al, Fe, Ca)와 쉽게 침전물을 형성하고, 토양 교질에 비특이적으로 흡착되어 유효도가 낮다. 하지만, 일부 불용화된 인산도 식물에 흡수될 수 있는데, 이를 유효인산이라고 한다.

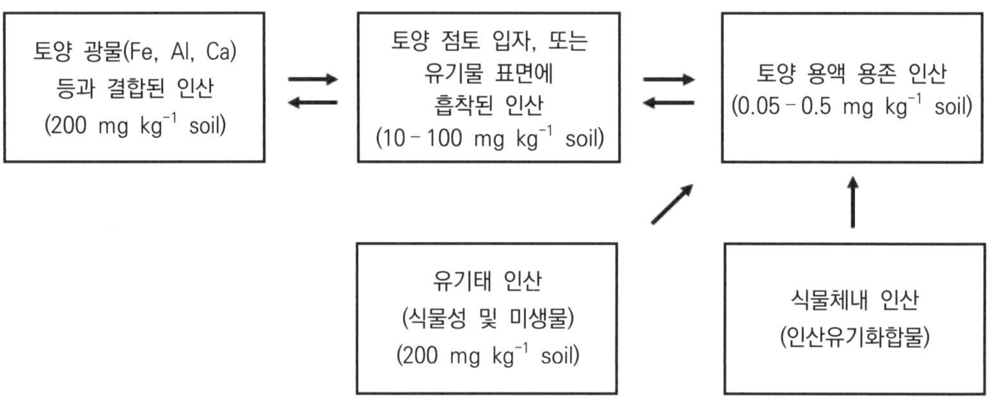

〈토양의 인산 형태〉

○ 유효인산 측정은 인산을 추출하는 과정과 추출용액 중의 인산을 정량하는 두 단계로 나눠진다. 추출 방법은 토양 pH 등 여러 요인을 고려하여 선정하는데, 우리나라와 같이 pH가 낮은 토양에서는 산성 조건에서 불소(F)이온으로 인산을 추출하는 Bray 법이 주로 이용된다.

○ 침출액 중의 인산 정량은 몰리브덴-블루(Mo-blue)법을 주로 사용한다. 이는 Ortho-phosphate(PO_4^{3-}) 이온이 산성 조건에서 Molybdate와 결합하여 형성되는 Phospho-molybdate 착물이 Ascorbic acid나 $SnCl_2$에 의해 환원되어 청색을 띠는 원리를 이용한

것이다. Ascorbic acid를 환원제로 사용하면 $SnCl_2$를 사용할 때와 비교하여 색 간섭에 덜 민감하고 착물(Phosphomolybdate complex)이 더 오랫동안 안정한 상태로 존재한다 (24시간).

12.2. 필요 시약 및 제조 방법

필요 시약

① 1 N 플루오린화암모늄(NH_4F)

② 0.5 N 염산(HCl)

③ NH_4F+HCl 혼합액

④ 10 N 황산(H_2SO_4)

⑤ Stock Solution

※ 몰리브덴산암모늄(Ammonium molybdate, $(NH_4)_6Mo_7O_{24} \cdot 4H_2O$)과 타타르산안티모니칼륨(Potassium antimony tartrate, $KSbO \cdot C_4H_4O_6$)

⑥ 발색시약

⑦ 인산이수소칼륨(Potassium dihydrogen phosphate, KH_2PO_4) - 인산 표준용액

제조 방법

1) 1 N NH_4F(1 L 기준)

① 1 L 비커에 NH_4F 37 g을 넣고 교반하면서 녹인다.

② 1 L V-flask에 옮겨 담고 부피를 맞춘다.

주의사항 만든 시약은 폴리에틸렌 병에 보관한다.

2) 0.5 N HCl(1 L 기준)

① 5 N HCl 100 mL를 1 L V-flask에 넣는다. 진한 HCl을 사용할 경우 1 L V-flask에 증류수를 반쯤 채운 후 진한 HCl 40.4 mL를 조심스럽게 넣는다.

② 흔들면서 섞은 후 부피를 1 L로 맞춘다.

3) 침출액

① 2 L V-flask에 위에서 만든 1 N NH_4F 60 mL와 0.5 N HCl 100 mL를 넣는다.

② 증류수로 부피를 2 L로 맞춘다.

주의사항 결국 0.03 N NH_4F, 0.025 N HCl용액이며, 유리병에서 1년 이상 보관가능하다.

4) 10 N H_2SO_4(1 L 기준)

① 1 L V-flask에 증류수를 반쯤 채우고 진한 H_2SO_4 282 mL를 조심스럽게 넣는다.

② 흔들면서 혼합 후 식으면 부피를 1 L로 맞춘다.

5) Stock Solution

① 1 L 비커에 증류수 600 mL 정도를 넣고 Ammonium molybdate[$(NH_4)6Mo7O_{24}\cdot 4H_2O$] 40 g을 녹인다.

② 200 mL V-flask에 potassium antimony tartrate($C_8H_{10}K_2O_{15}Sb_2$) 1.0 g을 넣고 녹여 0.5% 용액을 만든다($C_8H_{10}K_2O_{15}Sb_2\cdot 3H_2O$일 경우에는 1.088 g을 녹인다).

주의사항 Sb는 발색시간을 앞당기고 발색을 위해 용액을 가열하는 과정을 생략 가능하게 한다.

③ 2 L V-flask에 ①번 용액과 ②번 용액, 10 N H_2SO_4 900 mL를 넣고 부피를 맞춘다.

주의사항 갈색 유리병에 넣어 냉암소에 보관한다.

6) 발색시약(100 mL 기준)

① 100 mL V-flask에 ascorbic acid 1.5 g을 넣고 stock solution으로 녹인 후 부피를 맞춘다.

주의사항 사용할 때마다 필요한 만큼 제조하여 만든 후 냉암소에 보관하고 8시간 이내에 사용한다.

7) 인산 표준용액

① 100 mL V-flask에 오븐에서 건조한 KH_2PO_4 0.4393 g을 정확하게 넣고 증류수를 가해 잘 녹인다.

② 다 녹으면 파스퇴르피펫을 이용해 toluene 1~2방울을 넣는다.

③ 증류수로 부피를 100 mL로 맞춘다. 이 용액은 1000 ppm P를 함유한다.

※ Toluene은 미생물의 활동을 억제한다.

12.3. 실험 기구 및 장비

실험 기구

① 100 mL 삼각플라스크

② 여과지(Whatman 42번)

③ 50 mL V-flask

④ 홀피펫(Hole pipette), 마이크로 피펫(Micropipette)

실험 장비

① 분광광도계(Spectrophotometer)

12.4. 실험 방법

① 풍건 후 2 mm 체로 친 토양을 준비한다.

② 토양 2.85 g을 100 mL 삼각플라스크에 넣은 후 침출액 20 mL(토양:침출액 1:7 비율)을 가한다.

※ 석회질토양(calcareous soil)은 침출액의 비를 높인다(1:7 → 1:50).

③ 플라스크를 1분간 손으로 거칠게 흔들어 교반 후 Whatman 42번 여과지에 즉시 여과한다. 여액이 투명하지 않으면 재여과 한다.

주의사항

1. 한꺼번에 교반기로 교반하지 않고 하나씩 흔든 후 바로 여과한다.
2. 교반시간 : 1~2분 정도는 정량에 큰 영향을 끼치지 않지만 8분간 진탕한 후에는 25% 이상의 차이를 보인다.
3. 침출액을 가한 후의 방치시간 : 교반 전 방치시간은 토양인산의 침출에 큰 영향을 끼치지 않는다. 그러나, 교반 후 방치시간은 큰 영향을 준다. 30분 이상 방치할 경우 유효인산이 22% 더 침출된 경우도 있다. 즉 Bray No.1 법을 사용할 경우는 침출액을 가한 후에 즉시 교반하고 즉시 여과하는 것이 바람직하다. 더불어 한꺼번에 많은 수의 시료를 동시에 분석하거나, 토양의 무게를 늘려 침출액의 양이 증가되는 것은 바람직하지 않다.

④ 여액 5 mL(0.04~0.8 ppm P가 되도록)를 홀피펫이나 마이크로피펫을 이용해 80 mL 시험관에 넣고 발색 시약 5 mL를 넣는다. 이때 증류수 20 mL를 우선 넣고 손으로 흔들어서 반응시킨 후 약 10분 방치한다. 만약, 일부 시료가 발색되지 않

거나 색이 옅은 경우 여액 5~10 mL를 추가하여 반응시킨다. 필요할 경우 이 과정을 반복한다.

주의사항 이때 각 시험관의 용액 부피를 정확히 기록한다.

⑤ 10분 후에 720 nm에서 흡광도를 측정한다.

주의사항 흡광도 측정 시 큐벳의 투명한 부분은 빛이 통과하는 부분이므로 더럽히거나 흠집이 생기지 않도록 주의한다.

12.5. 검정 곡선

① 미리 만들어둔 표준용액(1000 mg P L^{-1}) 1 mL를 마이크로피펫을 이용해 100 mL V-flask에 넣는다.

② 증류수로 부피를 100 mL로 맞추어 2차 표준용액(10 mg P L^{-1})을 만든다.

(1000 mg L^{-1} × X mL = 10 mg L^{-1} × 100 mL ∴ X = 1 mL)

③ 마이크로 피펫을 이용해 50 mL V-flask에 다음 표에 있는 양만큼 2차 표준용액을 정확하게 넣는다.

목표 P 농도(mg P L^{-1})	2차(10 mg P L^{-1}) 표준용액(mL)
0	0
0.1	0.5
0.2	1.0
0.4	2.0
0.6	3.0
0.8	4.0
1.0	5.0

④ 시료와 마찬가지로 발색시약 5 mL를 넣고 발색시킨다.

⑤ 표준용액의 농도(STD)를 X축, 흡광도(ABS)를 Y축으로 하는 1차 회귀식으로 검정 곡선을 작성한다.

주의사항 검정곡선은 일반적으로 흡광도를 1 이내로 하고, 인산 농도가 높아 적정 흡광도 측정범위를 벗어나는 시료의 경우, 희석하거나 여액 분석량을 줄여 다시 측정한다.

STD (mg P L^{-1})	ABS at 720 nm
0.0	0.000
0.1	0.067
0.2	0.148
0.4	0.305
0.6	0.456
0.8	0.629
1.0	0.776

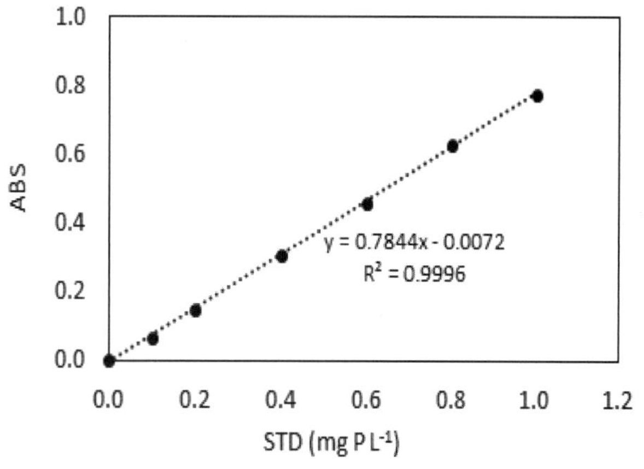

12.6. 계산 방법

$$P_T(\text{mg L}^{-1}) = \frac{\text{시료의 흡광도(ABS)}}{\text{보정곡선(Calibration curve)의 기울기}}$$

- P_T: Tube 내 발색 용액 중 인 농도

$$\text{Soil Avail. P(mg P kg}^{-1}) = P_T \times \frac{V_T \text{ mL}}{1000 \text{ mL}} \times \frac{20 \text{ mL}}{5 \text{ mL}} \times \frac{1}{S} \times 1000 \text{ g kg}^{-1}$$

- V_T: 발색 용액의 부피(mL)
- V_T/1000: Tube에 담긴 V_T mL 용액에 함유된 인 양 환산 계수
- 20/5: 침출액 전체 부피(20 mL)에 함유된 인 양 환산 계수
- S: 시료 무게(g)
- 1000: 토양 무게 kg 단위 환산 계수

※ 농학연구에서는 P대신 P_2O_5로 인산 함량을 표시하며, 이때 P_2O_5(mg kg^{-1}) = P × 2.29(2.29 = Mw of P_2O_5 / Mw of P_2)

참고문헌

Kuo S (1996) Phosphorus. In: Sparks DL, Page AL, Helmke PA, Loeppert RH, Soltanpour PN, Tabatabai MA, Johnston CT, Sumner MA (Eds.), Methods of Soil Analysis Part 3: Chemical Methods. ASA and SSSA, Madison, Wisconsin, USA, pp. 869-919.

13
용존 총인

13.1. 실험 원리

- 유효인산과 별도로 총인에 비해 상대적으로 이동성이 큰 인의 농도를 평가하기 위해 토양 용탈액이나 침출액의 인 농도를 분석할 수 있다.
- 토양 침출액 중에는 유기태와 무기태 형태의 인이 있는데, 이들을 정인산(Orthophosphate)으로 산화하여 비색 정량한다.

13.2. 필요 시약 및 제조 방법

필요시약

① 4% $K_2S_2O_8$(인 분해용)

제조 방법

1) 4% $K_2S_2O_8$(1 L 기준)

① $K_2S_2O_8$ 40 g을 가열하면서 교반하여 녹인다.

② 1 L V-flask에 옮겨 담고 부피를 맞춘다.

13.3. 실험 기구 및 장비

실험 기구

① 1 L 비커

② 1 L V-flask

③ 마이크로 피펫(Micropipette)

④ 홀 피펫(Hole pipette)

⑤ 고온고압 멸균기용 유리용기

⑥ 분해튜브(Digestion tube)

실험 장비

① 가열 교반기(Heating plate)

② 고온고압 멸균기(Autoclave)

13.4. 실험 방법

시료 전처리

① 시료는 용탈액이나 침출액 등 용액 상태의 시료를 사용한다.

② 분해에 사용하는 시료의 양은 시료 중 가용성 유기물 함량에 따라 변경한다.
예) 유기물 함량이 높은 퇴비 침출액의 경우 1 mL

시료 분해

① 분해용 100 mL 유리용기에 정해진 시료 양을 마이크로피펫을 이용하여 정확하게 넣는다.

② 시료 첨가 후 증류수 10 mL를 넣어준다.

③ 홀피펫을 이용하여 산화제를 10 mL씩 정확하게 넣는다.

④ 뚜껑이 잘 닫혔는지 확인한 후 고온고압 멸균기에 시료가 담긴 유리용기를 넣는다.

주의사항 용기가 밀봉이 잘 안되어 손실이 있을 수 있으므로 테프론 링(빨간색)으로 바꾸고 테프론 테이프를 감아서 사용한다.

⑤ 121°C에서 30간 작동시킨다.

⑥ 분해가 끝나면 증기가 완전히 빠진 후 기기 뚜껑을 열고, 시료를 충분히 식힌 후 꺼내어 흐르는 찬물에 추가로 식혀준다.

주의사항 용기의 뚜껑은 시료가 완전히 식은 후 연다.

비색 정량

① 유효인산 발색법(5장 "12. 유효인산")과 동일

참고문헌

Kuo S (1996) Phosphorus. In: Sparks DL, Page AL, Helmke PA, Loeppert RH, Soltanpour PN, Tabatabai MA, Johnston CT, Sumner MA (Eds.), Methods of Soil Analysis Part 3: Chemical Methods. ASA and SSSA, Madison, Wisconsin, USA, pp. 869-919.

Lajtha K, Driscoll CT, Jarrell WM, Elliott ET (1999) Soil phosphorus: characterization and total element analysis. In: Robertson GP, Coleman DC, Bledsoe CS, Sollins P (Eds.), Standard Soil Methods for Long-term Ecological Research. Oxford University Press, New York, USA, pp. 115-142.

14
양이온 교환 용량 및 교환성 양이온

14.1. 실험 원리

○ 양이온 교환용량(Cation Exchange Capacity, CEC)은 토양에 존재하는 음전하(negative charge) 양이며 보통 토양 1 kg 당 전하의 몰수(cmol$_c$/kg)로 표시한다(아래첨자 c는 charge를 의미한다). 토양 음전하는 점토광물의 동형치환과 변두리전하, 유기물의 작용기에 결합된 수소이온(H^+)의 해리 등에 의해 생성된다. 동형치환에 의한 전하는 pH에 영향을 받지 않는 영구전하이고, 다른 경우는 pH에 영향을 받는 일시전하이다. 따라서 CEC 측정 시 위와 같은 요소들을 고려하여야 한다. CEC 측정 과정에서 교환성 양이온도 함께 정량할 수 있다.

○ 양이온 교환용량은 통상 pH 7.0으로 조절된 Na^+, Ca^{2+}, Ba^{2+} 또는 NH_4^+의 고농도(1 N) 완충액을 사용하여 Na^+, Ca^{2+}, Ba^{2+} 또는 NH_4^+로 포화시킨 후 포화된 양이온과 종류가 다른 양이온으로 교환시켜 교환된 포화 양이온의 양을 정량함으로써 구할 수 있다. 완충액은 주로 Ammonium acetate를 사용하고, 토양 교질에 흡착된 NH_4^+은 염화물을 사용하여 재침출한다.

○ pH 7.0에서 측정한 양이온 교환용량이 낮다 하더라도 실제 토양의 pH가 높을 경우에는 일시전하 생성에 의해 양이온 교환능이 증가할 수 있다.

14.2. 필요시약 및 제조 방법

필요 시약

① 1 N 아세트산암모늄(NH_4OAc, pH 7)

② 80% 에틸 알코올(Ethyl Alcohol) 또는 99% 아이소프로필 알코올(Isopropyl Alcohol)

③ 10% 염화나트륨(NaCl)

④ 보릭산(H_3BO_3, Mw: 61.83 g mol^{-1})

⑤ 10 N 수산화나트륨(NaOH)

⑥ 0.01 N 황산(H_2SO_4)

제조 방법

1) 1 N NH_4OAc(pH 7.0)

① 1 L V-flask에 비중이 0.9인 NH_4OH 68 mL와 CH_3COOH(99.5%) 57 mL를 넣은 후 부피를 맞춘다.

② CH_3COOH 및 NH_4OH를 이용해 pH가 7.0이 되도록 조절한다.

※ 시판 1 N NH_4OAc 시약을 사용해도 된다.

2) 80% Ethyl Alcohol

3) 10% NaCl

① 1 L 비커에 증류수를 절반 쯤 채운 후 NaCl 100 g을 교반하여 녹인다.

② 1 L V-flask에 옮겨 담은 후 부피를 맞춘다.

4) H_3BO_3, 10 N NaOH, 0.01 N H_2SO_4

※ 5장 "5. 토양 총질소 분석: 켈달 증류" 방법에 따라 제조한다.

14.3. 실험 기구 및 장비

실험 기구

① 추출 시린지(Extractant syringe)

② 샘플 실린더(Sample cylinder)

③ 용액통(Extractant reservoir)

④ 고무 연결 튜브(Rubber tube)

⑤ 필터 어댑터, 필터 frit, 필터 패드(Filter adapter, filter frit, filter pad)

⑥ 100 mL 비커

⑦ 100 mL V-flask

실험 장비

① 진공용액추출기

② 켈달 증류기기(Kjeldahl distillation apparatus)

③ 디지털 뷰렛(Digital burette)

진공용액추출기

1) 구성

- 진공을 만들어 주는 기기 본체
- 토양을 담는 실린더
- 토양 실린더 상단의 침출액 통
- 토양 실린더 하단의 추출 실린더
- 기타 필터 부속품

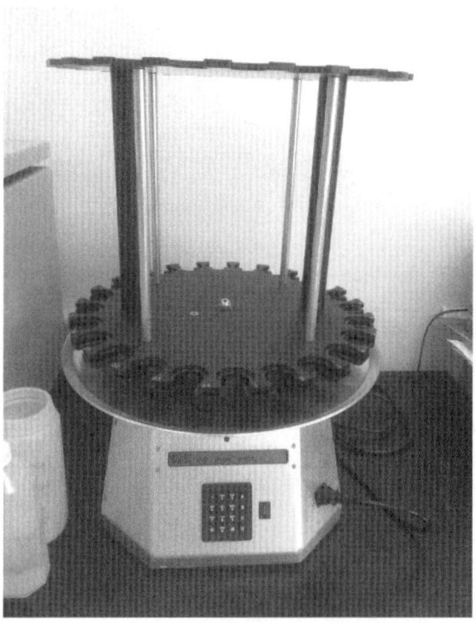

〈진공용액추출기〉

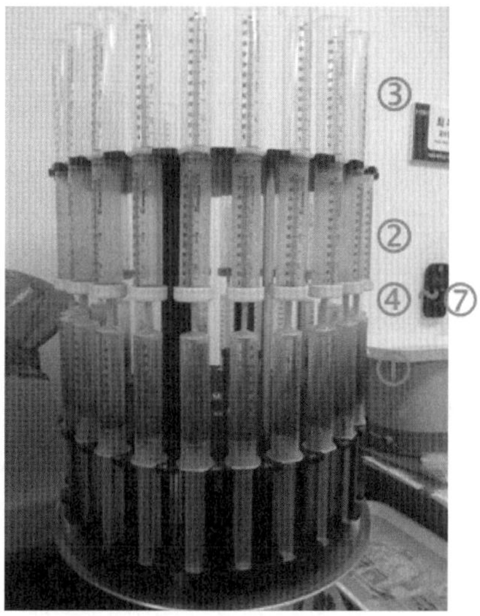

〈사용 예, 번호는 아래 부속품 참조〉

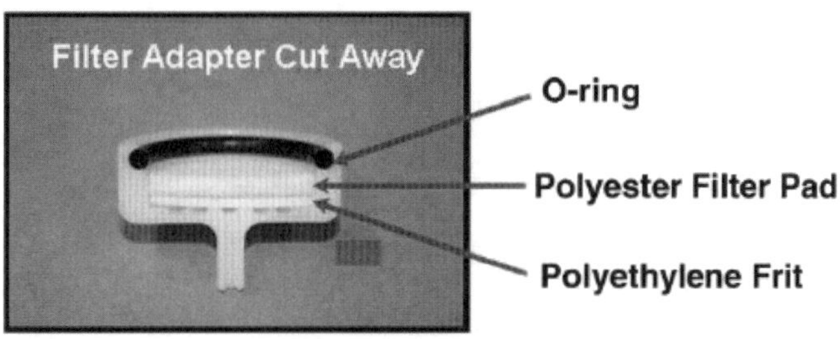

〈필터 부분 단면도〉

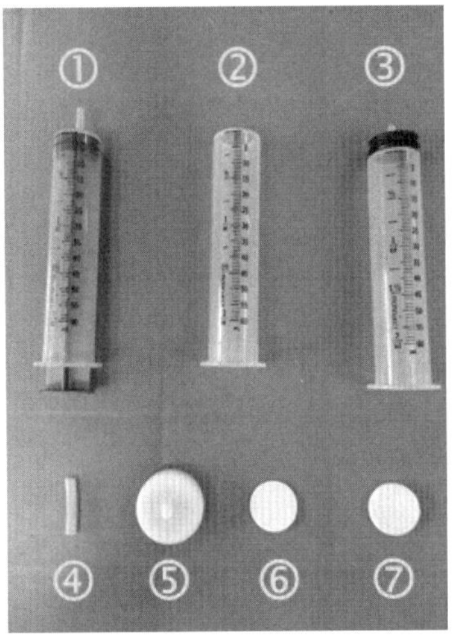

① Extractant Sysinge (추출시린지)
② Sample Cylinder (샘플 실린더)
③ Extractant Reservoir (용액통)
④ Rubber tube
⑤ Filter Adapter
⑥ Filter Frit
⑦ Filter Pad

〈진공용액추출기 부품〉

2) 기본 사용법

① 진공용액추출기의 거치대를 가장 아래로 내린 상태에서 시작한다.

② 필터 부분 단면도를 참고하여 필터어댑터(부품5)에 Filter Frit(부품6, 폴리에스터 재질)과 필터패드(부품7, 부직포 재질)를 넣는다. O-ring은 어댑터에 이미 끼워져 있으므로 손대지 않는다.

③ 조립한 필터어댑터를 샘플 실린더(부품2) 하단에 끼운다.

④ 시료를 샘플 실린더에 넣는다.

⑤ 시료가 담긴 샘플 실린더를 용출기 거치대 상단판 구멍에 건다.

⑥ 고무튜브(부품4)를 이용하여 샘플 실린더에 추출시린지(부품1)를 연결한다.

⑦ 추출시린지 겉통의 손가락받침은 거치대 중간판 위, 밀대의 엄지누름대는 하단판 아래에 걸려야 한다(기기 작동 시 시린지 밀대는 하단판에 고정되고, 거치대가 올라가며 겉통을 밀어올려 추출액을 뽑아내는 방식이다).

주의사항 추출시린지 연결 시 샘플 실린더가 단단히 고정되지 않고 상단판에 걸려있으므로 넘어지지 않도록 항상 주의한다.

⑧ 용액통(부품3)을 샘플 실린더 상단에 끼운 후 용도에 따라 맞는 용액 필요량을 채운다.

⑨ 장시간 추출하는 경우가 많으므로 용액통 윗부분을 알루미늄호일 등으로 덮어 외부 공기 접촉을 차단한다.

3) 기기 작동법

"0-9" 숫자 입력
"C" 작동 취소

"*" 거치대 조정 메뉴
"A" 거치대 올림
"D" 거치대 내림
"B" 조정 메뉴 나가기

〈진공용액추출기 컨트롤러 작동법〉

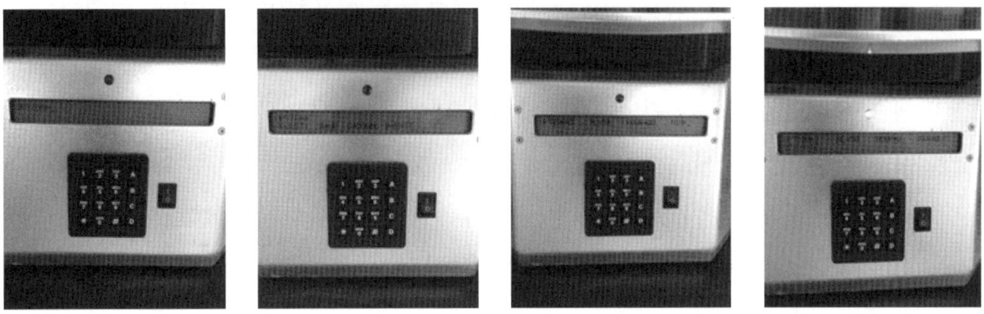

a　　　b　　　c　　　d

〈진공용액추출기 작동 예시〉

① 전원을 켜고 "Option=" 메시지가 나오기 까지 기다린다(그림a).

② 별표(*)를 누르면 두 번째 줄에 "Adjust: A=UP D=DOWN B=EXIT" 메세지가 나온다(그림b).

③ A 버튼 또는 D 버튼을 눌러 거치대 위치를 조정한다.

④ B 버튼을 눌러 처음 "Option" 메뉴로 돌아간다.

※ Option 메뉴: 1을 누르면 이전의 추출 과정(추출용량 및 시간) 반복
　　2를 누르면 새로운 추출 과정 설정
　　3을 누르면 자동으로 선반 원위치(아래로 내림)

⑤ 숫자판에서 2를 눌러 추출용량과 침출 시간을 설정 한다(그림c).

⑥ 시간을 분 단위까지 설정하면 스크린 위 램프에 빨간불이 들어오며 작동이 시작된다(그림d).

14.4. 실험 방법

침출

① 샘플 실린더 하단에 filter frit와 filter pad를 끼운다.

② 토양과 sea sand를 각각 10 g 씩 비커에서 잘 혼합한 후 샘플 실린더에 채워 넣고 가볍게 쳐서 충진시킨다.

주의사항

1. Blank는 토양시료 없이 sea sand만 넣어준다.
2. 시료의 점토 함량이 높아 침출 속도가 너무 느린 경우는 시료 양을 절반이나 그 이하로 줄여서 재실험한다. 이때 sea sand의 양은 blank의 양과 동일하게 유지한다.

③ 침출시린지와 토양 샘플 실린더를 고무 튜브를 이용하여 침출기에 연결한다.
※ 정확한 연결법은 위의 진공용액추출기 설명을 참조한다.

④ 샘플 실린더의 시료가 기벽으로 튀지 않도록 1 N NH_4OAc 침출액 5 mL를 천천히 넣어 토양을 포화시킨다. 5 mL 마이크로 피펫을 이용한다.

⑤ 샘플 실린더 상단에 용액통을 연결하고, 1 N NH_4OAc 50 mL를 채운다.

⑥ 손으로 상단 용액통을 살짝 들어 1 N NH_4OAc 약 5 mL가 샘플 실린더로 들어가게 하여 담수시킨다.

주의사항

포화 담수가 되지 않은 상태에서 용액이 한 방울씩 떨어질 경우 위쪽 가장자리에 있는 토양은 반응이 일어나지 않을 수 있으니 반드시 침출 전 시료가 담수상태인지 확인한다.

⑦ 진공용액추출기 작동법에 따라 8시간 동안 침출한다.

주의사항

교환성 양이온(Ca^{2+}, Mg^{2+}, K^+, Na^+ 등)을 정량할 경우 ⑦번 까지 침출한 침출액에 침전이 일어나지 않도록 진한 질산 3 mL를 가하여 산성화 시킨 후 1 N-NH_4OA_c로 부피를 100 mL로 맞춘다. 그 후 유도 결합 플라즈마(ICP)로 정량한다.

⑧ 용액통를 분리하여 에탄올로 세척하고, 토양 샘플 실린더에 에탄올 5 mL를 넣은 후, 용액통을 다시 장착한다.

⑨ 용액통에 에탄올 50 mL을 넣고 ⑥과 ⑦을 반복한다(잔류 NH_4^+ 제거를 위한 과정). 시린지로 추출 한 에탄올 침출액은 폐기한다.

⑩ 에탄올이 전부 투입되면 용액통을 분리하고 하단에 새 추출시린지를 연결한 후, 토양 샘플 실린더에 10% NaCl 5 mL를 넣는다.

⑪ 용액통에 10% NaCl을 넣고 ⑥과 ⑦을 10% NaCl로 반복한다.

주의사항

최종 침출액은 100 mL V-flask에 넣고 10% NaCl로 부피를 맞춘다.

증류

※ 침출액 10 mL를 사용하여, 5장 "5. 토양 총질소 분석: 켈달 증류" 방법에 따라 증류한다.

주의사항 CEC가 높은 시료는 황산이 과량 적정되어 부피가 100 mL를 초과할 수 있다. 이 경우 250 mL 삼각플라스크에 옮겨서 적정하거나, 시료 양을 줄여서 다시 증류한다.

14.5. 계산 방법

$$\text{CEC}(\text{cmol}_c\ \text{kg}^{-1}=\text{meq}\ 100\ \text{g}^{-1})\ \ (\text{S-B})\ \text{mL} \times \text{N} \times \frac{\text{V1}}{\text{V2}} \times \frac{1}{\text{W}} \times 100$$

- S: 시료 적정에 소모된 황산의 양(mL)
- B: Blank 적정에 소모된 황산의 양(mL)
- N: 황산의 노르말 농도(0.01 N)
- V1: 침출액 총 부피(100 mL)
- V2: 증류에 사용된 침출액 부피(10 mL)
- W: 토양 무게(10 g)
- 100: 토양 무게 환산 계수(100 g)

참고문헌

Sumner ME, Miller WP (1996) Cation exchange capacity and exchange coefficients. In: Sparks DL, Page AL, Helmke PA, Loeppert RH, Soltanpour PN, Tabatabai MA, Johnston CT, Sumner ME (Eds.), Methods of Soil Analysis, Part 3: Chemical methods. ASA and SSSA, MAdison, Wisonsin, USA, pp. 1201-1229.

15

유기물(습식 산화법)

15.1. 실험 원리

○ 토양 유기물은 토양의 물리·화학·생물학적 성질에 직접적으로 영향을 주기 때문에 토양 비옥도의 지표로 활용된다. 토양 유기물 함량은 원소분석기를 이용하는 건식 연소법(Dry combustion)과 산환제를 이용하는 습식 산화법(Wet oxidiation)으로 분석 가능하다.

○ 습식 산화법에서 유기물은 H_2SO_4이 있는 조건에서 $K_2Cr_2O_7$에 의해 산화된다.

$$2Cr_2O_7^{2-} + 3C^0 + 16H^+ \leftrightarrow 4Cr^{3+} + 3CO_2 + 8H_2O$$

○ $Cr_2O_7^{2-}(6^+)$은 유기탄소(C^0)와 당량적으로 반응하며, 잔류하는 $Cr_2O_7^{2-}(6^+)$를 $FeSO_4$로 적정한다. 토양 유기물 내 탄소는 평균원자가 0을 갖는다고 가정한다. 따라서 일정량의 $Cr_2O_7^{2-}(6^+)$를 넣고 반응시킨 후 잔류하는 $Cr_2O_7^{2-}(6^+)$를 $FeSO_4$로 정량하면 유기탄소와 반응한 $Cr_2O_7^{2-}(6^+)$을 정량할 수 있다.

15.2. 필요 시약 및 제조 방법

필요 시약

① 1 N 중크롬산칼륨($K_2Cr_2O_7$, Mw: 294 g mol^{-1})

② 0.5 N 황산철($FeSO_4 \cdot 7H_2O$, Mw: 278 g mol^{-1})

③ 황산은 용액($AgSO_4$, Mw: 98.079 g mol^{-1})

※ 일반적으로 필요하지 않다. 하지만, 토양 염소(Cl^-) 함량이 높을 경우 $2Cl^-$가 Cl_2

로 산화되어 $K_2Cr_2O_7$를 소비하기 때문에 Cl^-를 $AgCl_2$로 침전시키기 위해 필요하다. 실험 결과, 간척지 토양에서는 필요하지 않는 것으로 나타났다.

④ 진한 황산(H_2SO_4)

⑤ 지시약(0.025 M o-Phenanthroline-ferrous complex)

제조 방법

1) 1 N $K_2Cr_2O_7$(1 L 기준)

① 1 L 비커에 $K_2Cr_2O_7$(105°C에서 8시간 건조 후 데시케이터에 보관) 49.04 g을 넣고 교반하면서 녹인다.

② 1 L V-flask에 옮겨 담고 부피를 맞춘다.

주의사항 갈색 병에 담아 빛이 들어오지 않는 시약 캐비넷에 보관한다.

2) 0.5 N $FeSO_4 \cdot 7H_2O$(1 L 기준)

① 1 L 비커에 $FeSO_4 \cdot 7H_2O$(105°C에서 8시간 건조 후 데시케이터에 보관) 139.01 g을 넣고 진한 H_2SO_4 15 mL를 가한 후 교반하면서 녹인다.

② 1 L V-flask에 옮겨 담고 부피를 맞춘다.

③ 위에서 만든 1 N $K_2Cr_2O_7$ 10 mL에 대해 적정하면서 표준화한다.
(0.5 N이 정확히 되지 않으므로 1 N이 정확하다는 가정)

주의사항 산소에 의해 쉽게 산화되므로, 사용 직전에 제조하고, 남은 시약을 폐기한다.

3) $AgSO_4$(Mw: 98.079 g mol^{-1})

① 1 L 비커에 황산은($AgSO_4$) 11 g을 교반하면서 녹인다.

② 1 L V-flask에 옮겨 담은 후 황산(H_2SO_4)으로 부피를 맞춘다.

주의사항 녹는 데 시간이 걸리므로 미리 만들어 두는 게 좋다.

4) 지시약(0.025 M o-Phenanthroline-ferrous complex)

① o-phenanthroline monohydrate 1.485 g과 ferrous sulfate heptahydrate($FeSO_4 \cdot 7H_2O$) 0.695 g을 100 mL V-flask에 넣는다.

② 증류수를 넣고 흔들어 녹인 후 부피를 맞춘다.

주의사항 갈색 스포이드병에 담아 냉장보관 한다.

15.3. 실험 방법

① 시료가 0.5 mm 체를 통과할 정도로 곱게 간 풍건토 0.5 g을 250 mL 삼각플라스크에 넣는다. 0.5 mm 체거름을 하지 않고, 그 정도로 곱게 분쇄한다.

※ 여기서, 시료의 양은 토양 유기물의 양에 따라 조절할 수 있다.

② 1 N $K_2Cr_2O_7$을 10 mL 홀피펫으로 정확히 넣는다.

③ 흄후드 내에서 20 mL의 진한 H_2SO_4을 디스펜서를 이용해 재빨리 넣고 섞어 준다.

④ 30분간 방치한다(반응시간).

⑤ 증류수 약 100 mL를 넣는다.

⑥ 지시약 3 방울을 넣는다. 모든 시료에 동일한 양의 지시약을 넣는다.

⑦ 0.5 N $FeSO_4$으로 뷰렛(디지털 뷰렛 사용 가능)을 이용해 적정한다.
(과잉의 철이 들어가면 지시약과 반응해 색깔이 바뀐다.)

주의사항 색 변화는 주황색에서 녹색으로 그리고 청록색으로 변한 후 적자색으로 바뀌는 지점에서 적정을 멈춘다.

※ Blank에 사용된 적정액은 약 20 mL 정도가 들어간다.

※ 시료의 유기물 함량이 높을수록 시료는 녹색을 띠게 되며 적정액의 양은 줄어든다.

① 유기물 산화 후(주황색) ② 적정 과정(녹색/청록색) ③ 종말점(적자색)

〈적정 시 색 변화〉

15.4. 계산 방법

$$\text{유기탄소}(g\ kg^{-1}) = (B\text{-}S) \times N \times \frac{12}{4} \times \frac{100}{77} \times \frac{1}{W}$$

- B: Blank 적정에 소요된 $FeSO_4$의 양(mL)(이론적으로 20 mL)
- S: 시료 적정에 소요된 $FeSO_4$의 양(mL)
- N: $FeSO_4$의 노르말 농도(0.5 N)
- 12: 탄소의 원자량
- 4: 산화-환원 반응에서 탄소의 당량
- 12/4: 탄소 당량(12 g/mol/4e$^-$)
- 100/77: 산화효율 보정 계수(평균적으로 전체 유기물의 77% 산화)
- W: 토양 무게(0.5 g)

$$\text{유기물 함량} = \text{유기탄소 함량} \times 1.724$$

1.724: 유기탄소 함량을 유기물 함량으로 전환하는 factor
(Van Bemmelen factor)

※ 토양조건에 따라 다르지만 보통 1.724를 사용함.

※ 가정 : 유기물은 약 58%의 유기탄소를 함유한다. 그러나 이것은 고정된 값이 아니다 (표토에서는 1.9, 심토에서는 2.5).

참고문헌

Nelson DW, Sommers LE (1996) Total carbon, organic carbon, and organic matter. In: Sparks DL, Page AL, Helmke PA, Loeppert RH, Soltanpour PN, Tabatabai MA, Johnston CT, Sumner ME (Eds.), Methods of Soil Analysis, Part 3: Chemical Methods. ASA and SSSA, Madison, Wisconsin, USA, pp. 961-1010.

16

유기물 화학적 안정도

16.1. 실험 원리

○ 유기물은 분해 난이도에 따라 이분해성과 난분해성으로 구분된다. 이분해성 유기물은 토양에서 미생물에 의해 쉽게 분해되지만, 난분해성 유기물은 안정적인 부식물질로 존재한다. 유기물의 분해 난이도를 화학적인 방법으로 분석하여 토양 호흡에 의한 CO_2 방출과 토양 부식물질 증가 정도를 평가할 수 있다.

○ 이 방법은 리그닌 함량을 정량하는 Klasson lignin method를 수정한 방법이다.

16.2. 필요 시약 및 제조 방법

필요 시약

① 72% 황산(H_2SO_4)

제조 방법

1) 72% H_2SO_4(1 L 기준)

① 증류수 200 mL를 1 L V-flask에 담고 메스실린더를 이용하여 진한 황산(96% H_2SO_4) 750 mL을 기벽을 따라 천천히 가한다. 방랭 후 부피를 맞춘다.

주의사항 후드 내에서 내산성 장갑, 보호안경, 실험복을 착용하고 실험한다.

16.3. 실험 기구 및 장비

실험 기구

① 100 mL HDPE 병

② 둥근 바닥 플라스크(1 L, COD 분석용)

③ 스페츌라(Spatula)

실험 장비

① 교반기(Shaker)

② 환류 냉각관(Reflux condenser)

③ 진공 펌프(Vacuum pump)

④ 원심분리기(Centrifuge)

⑤ 전기화로(Furnace)

16.4. 실험 방법

① 시료 2.5 g을 100 mL HDPE 병에 담는다.

② 72% H_2SO_4 12.5 mL를 가한 후 스페츌라로 골고루 혼합한다. 혼합 후 소량의 증류수를 가하여 스페츌라에 묻은 시료를 병에 모두 회수한다.

③ 뚜껑을 닫고 250 rpm에서 3시간 교반한다.

④ 증류수 500 mL를 이용하여 용액을 둥근 바닥 플라스크에 옮겨 담는다.

⑤ 플라스크를 COD 용 환류 냉각관에 연결한 후 5시간 가열한다.

주의사항 플라스크를 환류냉각관에 연결하기 전 내부를 증류수를 가하여 세척하며, 가열 후에도 동일한 방법으로 세척한다.

⑥ 용액을 500 mL 원심분리 용기에 옮긴다.

⑦ 3000 rpm으로 5분간 원심 분리한다.

⑧ 진공 펌프가 연결된 여과기에 유리섬유 여과지(GF/C; φ>47 mm, 여과지는 미리 건조하여 칭량한다)를 부착하여 시료를 여과한다.

주의사항 GF/C는 사용 전 증류수 20 mL를 가한 후 105℃ 오븐에서 3시간 건조 후 데시케이터에서 방랭 후 여과 전 무게를 칭량한다.

⑨ 여과기로부터 여과지를 분리한 후 105℃ 오븐에서 2시간 건조한 후 데시케이터에서 방랭 시킨다.

⑩ 건조 된 시료는 도가니(미리 칭량함)에 옮겨 담은 후 화학 저울을 이용하여 무게를 정확하게(소수점 3자리) 칭량한다.

⑪ 전기화로에 도가니를 옮긴 후 560℃에서 4시간 가열한 후 데시케이터에서 방랭 시킨다.

⑫ 최종 무게(Residual OM)를 정확하게 측정하고 기록한다.

16.5. 계산 방법

$$\%\ SD = \frac{\%\ ROM}{\%\ TOM} \times 100$$

- SD: Chemical stability degree
- ROM: Resistant organic matter(안정화된 유기물)
- TOM: Total organic matter
  (총유기물, 건식 연소법이나 습식 산화법으로 미리 분석)

참고문헌

López M, Huerta-Pujol O, Martinez-Farre FX, Soliva M (2010) Approaching compost stability from Klason lignin modified method: chemical stability degree for OM and N quliaty assessment. Resource, Conservation and Recycling 55, 171-181.

Lim SS, Lee KS, Lee SI, Lee DS, Kwak JH, Hao X, Ro HM, Choi WJ (2012) Carbon mineralization and retention of livestock manure composts with different substrate qualities in three soils. Journal of Soils and Sediments. 12, 312-322.

17 토양 부식

17.1. 실험 원리

○ 토양 부식은 식물 잔사 등의 유기물 분해 산물과 미생물에 의해 새롭게 합성된 물질로 구성된 난분해성 유기물로 토양 탄소 격리의 측면에서 중요하다. 그러나, 최근에는 토양 부식의 존재에 대한 다양한 논쟁이 있다.

○ 부식은 분자구조가 알려져 있지 않은 다양한 화합물의 복합체로서 화학적인 분리와 동정이 어렵지만, 산성과 염기성 용매에 녹는 성질을 이용하여 부식산(Humic acid), 풀빅산(Fulvic acid), 그리고 휴민(Humin)으로 분리할 수 있다.

○ 수산화나트륨(NaOH) 용액을 넣은 알칼리 조건에서 부식산과 풀빅산이 용해된 용해물질과 휴민이 함유된 침전물로 분리된다. 용해물질에 다시 황산(H_2SO_4)을 가하여 산에 용해되지 않는 부식산(Humic acid)을 침전시켜 용해상태인 풀빅산(Fulvic acid)과 분리한다.

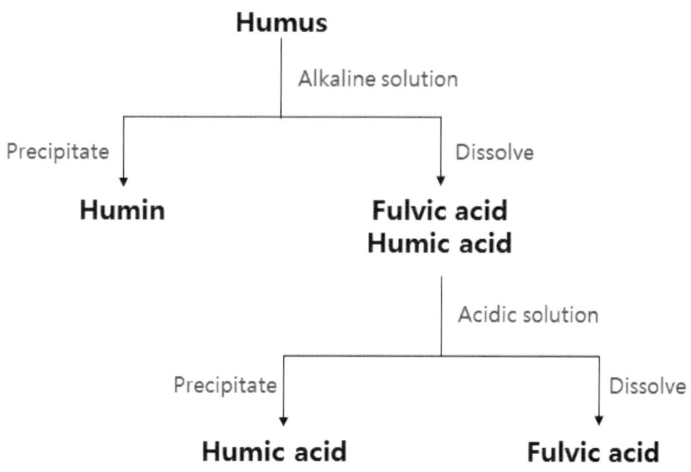

〈토양 부식 분획 개요〉

17.2. 필요 시약 및 제조 방법

필요 시약

① 수산화나트륨(NaOH, Mw: 39.997 g mol^{-1})

② 피로인산나트륨($Na_4P_2O_7$, Mw: 265.9 g mol^{-1})

③ 황산나트륨(Na_2SO_4, Mw: 142.04 g mol^{-1})

④ 0.1 N 황산(H_2SO_4, Mw: 98.079 g mol^{-1})

⑤ 37% 염산(HCl)

⑥ 50% 불산(HF)

제조 방법

1) 0.1 M NaOH+0.1 M $Na_4P_2O_7$

① NaOH 4.0 g과 $Na_4P_2O_7$ 26.59 g을 1 L V-flask에서 800 mL 증류수로 흔들어 녹인다.

② 증류수로 1 L까지 부피를 맞춘다.

2) 10% HCl-HF 용액

① 1 L 플라스틱 병에 증류수 약 500 mL를 넣은 후 50% HF 약 200 mL와 37% HCl 약 270 mL를 500 mL 플라스틱 비커를 이용하여 조심스럽게 넣는다.

주의사항 HF는 유리를 녹이므로 반드시 플라스틱 비커와 실린더를 이용한다. HF 사용 시 실험 담당자 감독 아래 내산성 장갑, 실험복, 발등을 덮는 신발을 착용한다.

17.3. 실험 기구 및 장비

실험 기구

① 1 L V-flask

② 100 mL, 250 mL V-flask

③ 50 mL 원심분리용 튜브

④ 유리 깔때기

⑤ 500 mL 플라스틱 비커

⑥ 1 L 플라스틱 병

⑦ 여과지(Advantec 5C)

실험 장비

① 교반기(Shaker)

② 원소분석기(Elemental analyzer)

17.4. 실험 방법

부식산과 풀빅산 분획

① 풍건토양 0.5 g을 50 mL 용량의 원심분리 튜브에 칭량하고 0.1 M NaOH+0.1 M $Na_4P_2O_7$ 침출액 30 mL를 첨가한 후 200 rpm에서 16시간 동안 교반한다.

주의사항 유기탄소 함유량이 100 mg 이하가 되어야 한다. 토양의 유기탄소량이 1.5%일 경우, 토양 11.49 g 이하로 칭량한다. 토양의 유기탄소 함량을 측정한 후 시료 양을 결정한다.

② 튜브에 Na_2SO_4(응고제) 0.2 g을 넣어 흔들어서 녹인다.

③ 5,000 rpm에서 15분간 원심분리 한다.

④ 상등액을 125 mL HDPE 병에 담고, 토양잔사가 남은 튜브에 침출액(0.1 M NaOH+0.1 M $Na_4P_2O_7$) 20 mL를 넣고 1시간 동안 교반한 후 5,000 rpm에서 15분간 원심분리 한다. 이 과정을 2회 더 반복한다. 상등액은 모두 HDPE 병에 담는다.
※ 풀빅산과 휴믹산이 침출된 상등액 약 90 mL를 얻게 된다.

⑤ 상등액을 합친 후 pH가 1.0 근처가 되도록 10 N H_2SO_4를 4.5~5.0 mL 가하여 잘 흔든 후 30분 간 방치한다. pH paper를 사용하여 pH를 확인하면서 H_2SO_4를 1 mL 씩 넣는다.
※ 휴믹산이 침전되는 과정이다.

⑥ 산성화된 상등액을 여과지로 100 mL V-flask에 여과한다.

⑦ 여과지 위의 침전물(휴믹산)을 0.1 N H_2SO_4로 세척하여 잔류 풀빅산을 모두 회수하고, 0.1 N H_2SO_4로 100 mL까지 여액(풀빅산 함유)의 부피를 맞춘다.

⑧ 여과지 위의 침전물(휴믹산)을 0.1 N NaOH로 녹여 100 mL V-flask에 부피를 맞춘다.

⑨ 유기물 습식 산화법(Dichromate oxidation)을 이용하여 탄소 함량을 측정한다.

주의사항 풀빅산과 휴믹산 추출 후 빨리 분석하는 것이 좋다(24시간).

휴민 추출

① 위의 ④번 단계에서 남은 토양 잔사에 증류수 30 mL를 넣고 5분간 교반한 후 원심분리하여 상등액을 제거하여 세척한다. 이 과정을 1회 더 반복한다.

② 불순물(광물질)을 제거하기 위해 토양 잔사에 10% HCl+HF 용액 30 mL를 넣은 후 24시간 동안 진탕한다. 토양 혼합물을 5,000 rpm에서 원심분리한 후 상등액을 버린다. 이 과정을 1회 더 반복한다.

주의사항 HF 사용 시 실험 담당자 감독 아래 내산성 장갑, 실험복, 발등을 덮는 신발 등을 착용한다.

③ ①번 과정과 동일하게 증류수로 세척한 후 50℃ 오븐에서 건조시킨다.

주의사항 간혹 염이 남아 있는 경우 증류수로 세척을 반복한다.

④ 토양을 분말 시료로 분쇄한 후, 원소분석기를 이용하여 탄소를 측정한다.

〈풀빅산과 휴믹산 용해 과정〉

〈풀빅산과 휴믹산 분획 과정〉

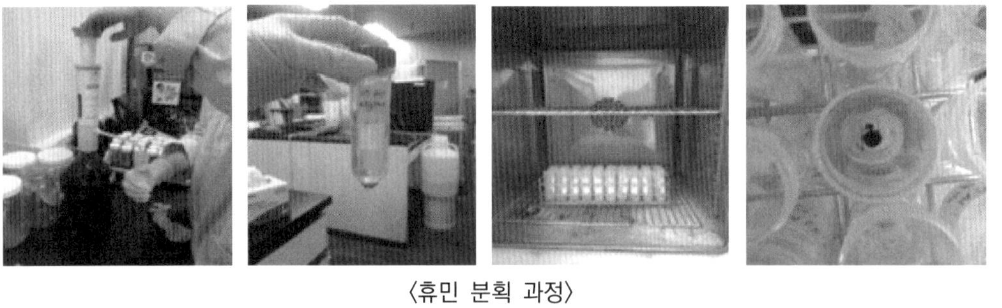

〈휴민 분획 과정〉

참고문헌

Kumada K (1987) Chapter 6: Humus composition of soils. In: Chemistry of Soil Organic Matter. Japan Scientific Societies Press, Tokyo, Japan, pp. 95-97.

Yang HI, Baek N, Kwak JH, Lim SS, Lee YH, Lee SM, Choi WJ (2023) Microbial contribution to organic carbon accumulation in volcanic ash soils. Journal of Soils and Sediments 23, 866-879.

Zhang J, Wang S, Wang Q, Wang N, Li C, Wang L (2013) First determination of Cu adsorption on soil humin. Environmental Chemistry Letters 11, 41-46.

18
중금속

18.1. 실험 원리

○ 중금속은 일반적으로 주기율표에서 구리와 납 사이에 있는 원자 질량이 63.546에서 200.590 사이이고, 비중이 4.5보다 큰 원소 집합을 말하지만, 일반적으로 미량원소(Trace element)를 통칭한다.

○ 중금속은 식물의 필수원소인 경우가 있지만, 대부분 고농도에서 독성을 나타낼 수 있어 토양 환경 관리를 위해 분석이 필요하다.

○ 토양 중금속은 총량을 분석할 수도 있지만, 일반적으로 중금속의 유효도를 고려하여 산성 용액에 용출되는 성분을 분석한다.

○ 추출된 중금속을 ICP로 분석한다.

토양 중금속 추출과 분석 방법 개요

원소	추출용액	체거름(mm)	측정 파장(nm)	비 고
Cr^{6+}	0.1 N HCl	2	267.72	
Cu	0.1 N HCl	2	324.75	여액의 구리 함량이 15 mg L^{-1}가 되도록 0.1 N HCl로 희석
Cd	0.1 N HCl	2	226.50	여액의 카드뮴 함량이 2 mg L^{-1} 이하가 되도록 0.1 N HCl로 희석
Pb	0.1 N HCl	2	220.35	
As	1 N HCl	2	193.70	여액의 비소 함량이 0.1 mg L^{-1} 이하가 되도록 1N HCl로 희석
Zn	*왕수	0.15	213.86	
Ni	왕수	0.15	231.60	

* 왕수 - 염산과 질산을 3:1로 혼합한 것으로, 여기서는 염산 21 mL과 질산 7 mL를 혼합한다.

18.2. 필요 시약 및 제조 방법

① 0.1 N 염산(HCl)

② 1 N 염산(HCl)

③ 진한 질산(HNO_3 Conc.)

④ 진한 염산(HCl Conc.)

⑤ 왕수(염산: 질산 = 3:1(V:V))

18.3. 실험 기구 및 장비

① 100 mL 삼각플라스크

② 체 - 법랑제 또는 폴리에틸렌제 10 mesh, 100 mesh

③ 진탕 항온 수조(Shaking water bath)

④ Zn, Ni 분해대 - 흡수용기

⑤ 여과지(Advantec 5B 또는 Whatman 40번)

18.4. 실험 방법

1) Cr^{6+}, Cu, Cd 및 Pb 추출

① 풍건하여 체질한 시료(10 mesh) 10 g을 정밀히 취하여 삼각플라스크에 넣는다.

② 미리 제조된 0.1 N HCl 50 mL를 넣는다.

③ 진탕 항온 수조(100 rpm, 진폭 10 cm)에서 30℃를 유지하면서 1시간 진탕한다.

④ 진탕한 다음 여과지 Advantec 5B 또는 이와 동등한 여과지를 사용하여 여과한다.

⑤ 여과한 용액을 ICP로 분석한다.

주의사항 여액 중 Cu, Cd, Pb의 함량이 각각 15, 2, 15 mg L^{-1} 이상일 때는 0.1 N HCl로 희석한다.

2) As 추출

① 풍건하여 체질한 시료(10 mesh) 10 g을 정밀히 취하여 삼각플라스크에 넣는다.

② 미리 제조된 1 N HCl 50 mL를 넣는다.

③ 진탕 항온 수조(100 rpm, 진폭 10 cm)에서 30°C를 유지하면서 30분간 진탕한다.

④ 진탕한 다음 여과지 Advantec 5B 또는 이와 동등한 여과지를 사용하여 여과한다.

⑤ 여과한 용액을 ICP로 정량한다.

주의사항 여액 중 As의 함량이 0.1 mg L^{-1} 이상일 때는 1 N HCl로 0.1 mg L^{-1} 이하가 되도록 희석한다.

3) Zn, Ni 추출

① 자연건조하여 체질한 시료(100 mesh) 3 g을 0.001 g까지 정밀히 취하여 반응용기에 넣는다.

② 증류수 약 0.5∼1 mL로 시료를 적신 후 진한 HCl 21 mL를 첨가하면서 잘 섞는다.

③ HNO_3 7 mL를 가하여 잘 저어준다. 이 때 거품의 발생을 줄이기 위해 필요하면 HNO_3을 한 방울씩 떨어뜨린다.

④ 흡수용기에 0.5 M HNO_3 15 mL를 붓고 흡수용기와 환류 냉각관을 반응용기에 연결시킨다.

⑤ 상온에서 2시간 이상 정치시킨다.

⑥ 정치 후 반응혼합물의 온도를 서서히 올려 환류조건에 도달하도록 하고 2시간 동안 그 상태를 유지시킨다.

⑦ 환류 냉각되는 부분이 냉각관 높이의 1/3보다 낮은 부분에서 이루어지도록 확인하면서 분해시키며, 흡수용기 내의 내용물을 환류 냉각관을 통하여 반응용기에 첨가한다.

⑧ 흡수용기와 환류 냉각관을 0.5 M HNO_3 10 mL로 씻어 반응용기에 넣는다.

⑨ 상청액을 조심스럽게 Whatman 40번(혹은 Advantec 5B) 여과지로 100 mL V-flask에 여과하고 증류수로 표선까지 채워 검액으로 사용한다.

주의사항 여액 중 As의 함량이 0.1 mg L^{-1} 이상일 때는 1 N HCl로 0.1 mg L^{-1} 이하가 되도록 희석한다.

참고문헌

Barrow ML, Stein WM (1983) Extraction of metals from soils and sewage sludges by refluxing with aqua regia. Analyst 108, 277-285.

Tuin BJW, Tels M (1990) Removing heavy metals from contaminated clay soils by extraction with hydrochloric acid, edta or hypochlorite solutions. Environmental Technology 11, 1039-1052.

6장

토양 물리성 분석법

1
입자밀도(Particle density, D_p)

1.1. 실험원리

○ 입자밀도(D_p)는 토양 입자 단위 부피당 질량으로 정의되며, 토양 공극률 계산에 필요하다.

○ 일반적인 무기질 토양의 입자밀도는 2.65 Mg m^{-3}(g cm^{-3}) 정도로 일정한데, 이는 토양을 이루고 있는 광물(석영, 장석, 운모 및 점토광물)의 밀도와 유사한 것이다. 따라서, 일반적으로 토양의 입자밀도는 크게 변하지 않는 것으로 간주한다.

○ 하지만, 산화철 등 중금속 광물이 존재하면 입자밀도는 증가하고, 유기물과 토양 무기입자가 결합하면 입자밀도는 감소할 수 있다.

○ 토양 입자 무게는 저울로 직접 측정하고, 부피는 아르키메데스(Archimedes) 원리를 이용한다.

1.2. 실험 기구 및 장비

실험 기구

① V-플라스크(V-flask)

② 화학저울(Chemical balance)

실험 장비

① 가열판(Hot plate)

1.3. 실험 방법

① 토양시료를 105℃에서 충분히 건조시켜 수분을 모두 증발시킨다.

② 깨끗이 말린 250 mL V-flask의 무게를 잰다(W_a).

③ 토양시료 약 25g을 V-flask에 넣고 무게를 잰다(W_s).

④ 증류수를 2/3정도 넣으면서 기벽에 묻은 토양시료를 깨끗이 씻어 내린다.

주의사항 유기물 함량이 많은 토양은 비중이 1.0 이하로 물에 가라앉지 않기 때문에 물보다 비중이 작은 Toluene(0.866) 등의 유기용매를 사용한다.

⑤ 가열판에서 유체 속의 포획 공기가 모두 제거될 때까지 가열한다.

⑥ 상온으로 냉각하고 증류수로 눈금까지 채운 후 무게를 잰다(W_{sw}).

⑦ 내용물을 모두 버리고 깨끗이 씻은 후 증류수로 눈금까지 채운 후 무게를 잰다 (W_w).

1.4. 계산

$$D_p = \frac{D_w(W_s - W_a)}{(W_s - W_a) - (W_{sw} - W_w)}$$

- D_p = 입자 밀도(g cm^{-3})
- D_w = 물의 밀도(g cm^{-3})
- W_s = V-플라스크와 건조 토양 무게
- W_a = V-플라스크 무게
- W_{sw} = 토양과 물로 채워진 V-플라스크의 무게
- W_w = 물로 채워진 V-플라스크의 무게

○ 위 계산식은 다음의 방식으로 유도된다.

- 부력(B): 물속에 있는 입자의 질량은 그 입자가 차지하는 부피에 해당하는 물의 질량만큼 감소하는데, 감소된 질량이 부력에 해당한다.
- 따라서, B = (공기 중 토양 질량 – 물속의 토양 질량)·g

  $= ((W_s - W_a) - (W_{sw} - W_w))\cdot g$

  $= V_P \cdot D_w \cdot g$ (V_p: 입자의 부피, D_w: 물의 밀도, g: 중력가속도)

- 또한, $D_p = W_p/V_p$이고, $V_p = W_p/D_p$ (W_p: 입자의 질량, V_p: 입자의 부피)
- 따라서,

$$B = W_p/D_p \cdot D_w \cdot g = ((W_s - W_a) - (W_{sw} - W_w)) \cdot g$$

- 위 식을 Dp에 대해 정렬하면,

$$D_p = \frac{W_p \cdot D_{aw}}{(W_s - W_a) - (W_{sw} - W_w)} = \frac{(W_s - W_a) \cdot D_{aw}}{(W_s - W_a) - (W_{sw} - W_w)}$$

참고문헌

Blake GR, Hartge KH (1986) Particle density In: Cambell GS, Nielsen DR, Jackson RD, Klute A, Mortalnd MM (Eds.), Method of Soil Analysis, Part 1: Physical and Mineralogical Methods. ASA and SSSA, Madison, Wisconsin, USA. pp. 377-379.

2 전용적밀도(Bulk density, D_b)

2.1. 실험 원리

○ 공극을 포함한 토양 전체 부피에 대한 토양 입자의 무게 비율로 정의된다. 전용적밀도는 토양의 공극률과 직접 관련이 있고, 토양 배수성과 통기성 평가 기준으로 활용된다.

○ 또한, 전용적밀도를 이용하여 일정 면적에 해당하는 토양의 전체 무게를 계산할 수 있다.

○ 전용적밀도를 계산하기 위해서 토양 코어 시료를 채취하여 건조시키기 때문에 토양의 용적수분함량도 구할 수 있다.

2.2. 실험 기구

① 코어(Core): 부피를 정확히 알고 있어야 한다.

② Sampler: Core head

③ 스페츌라(Spatula)

④ 청테이프

2.3. 실험 방법

① 수직 또는 수평의 토양 표면에 토양이 Sampler를 채울 수 있을 만큼 충분하게, 그러나 Sampler 안의 토양이 압축되지 않도록 Sampler를 박는다.

② 토양시료의 자연 상태 구조와 다져진 정도가 가능한 한 거의 그대로 보존되도록 조심스럽게 Sampler를 제거한다.

주의사항 Core 시료 채취 시 다짐이 일어나지 않도록 주의한다.

③ Spatula로 Core의 양면을 깨끗이 다듬는다.

주의사항

1. 현장에서 Core시료 채취 시 Core가 부족한 경우에는 위의 ③번 과정 후에 비닐봉지에 시료를 담고, Core를 재사용해도 된다.

2. 현장 토양의 수분 함량이 높은 경우에는 Core 옆면과의 마찰에 의해 토양시료가 압밀될 수도 있기 때문에 수분 함량이 적당한 토양을 대상으로 시료를 채취한다. 하지만, 용적수분함량도 동시에 측정할 때는 현장의 수분 함량을 고려하지 않는다.

④ 토양이 흘러내리지 않도록 뚜껑을 닫은 후 청테이프로 밀봉한다.

⑤ 실험실로 운반한다.

⑥ 무게를 알고 있는 적당한 용기에 토양시료를 담는다.

⑦ 105°C에서 시료를 건조시켜서 토양의 무게를 구한다.

2.4. 계산방법

$$\text{전용적밀도}(\text{g cm}^{-3}) = \frac{\text{건조 토양 무게(g)}}{\text{토양 Core 부피}(100\ \text{cm}^3)}$$

$$\text{용적수분함량}(\text{g cm}^{-3}) = \frac{(\text{습윤 토양 무게 - 건조 토양 무게})(\text{g})}{\text{토양 Core 부피}(100\ \text{cm}^3)}$$

참고문헌

Blake GR, Hartge KH (1986) Particle density In: Cambell GS, Nielsen DR, Jackson RD, Klute A, Mortalnd MM (Eds.), Method of Soil Analysis, Part 1: Physical and Mineralogical Methods. ASA and SSSA, Madison, Wisconsin, USA. pp. 363-367.

3 입자분획

3.1. 실험 원리

○ 토양은 다양한 크기의 입자와 입단으로 구성되어 있으며, 각 입단 크기별로 다양한 방식으로 유기물과 결합되어 있다. 일반적으로 거대 입자 또는 입단과 결합된 유기물은 자유롭게 존재하여 이분해성, 작은 입자 또는 입단과 결합된 유기물은 입자-유기물 또는 금속-유기물 결합 형태로 안정화된 것으로 평가한다.

○ 토양 입단을 물리적 방법으로 파괴하고 화학적 방법으로 분산시켜서 입자를 크기별로 분리할 수 있다. 분획 종류는 Coarse sand(0.5～1 mm), Medium sand(0.25～0.5 mm), Fine sand(0.1～0.25 mm), Silt(0.002～0.05 mm), Clay(<0.002 mm), 부유 유기물이다.

3.2. 필요 시약

① 헥사메타인산나트륨(Sodium-Hexametaphosphate, Na-HMP)

② 염화칼슘($CaCl_2$)

3.3. 실험 기구 및 장비

실험 기구

① 500 mL 원심분리용 병(Centrifuge bottle)

② 100, 250, 500 mL 비커(Beaker)

주의사항 미리 무게를 기록한다.

③ 유리구슬(Glass bead)(지름 1 cm)

④ 양팔저울(Two arms scale)

실험 장비

① 교반기(Shaker)

② 체 교반기(Sieve shaker)

③ 초음파 발생기(Ultrasonic generator)

④ 원심분리기(Centrifuge)

3.4. 실험 방법

1) 입단 파괴

① 토양 50 g을 500 mL 원심분리용 병에 담는다.

주의사항 정확한 비율이 필요한 것은 아니지만 모든 실험의 일관성을 위하여 특별한 경우를 제외하고는 이 같은 비율을 따른다. 단, 입자분획 후 분석에 필요한 시료 사용량이 많을 경우 유동적으로 변경 가능하다.

② 병에 증류수 300 mL와 Na-HMP 1.0 g, glass bead 5개를 넣는다.

주의사항 Na^+는 수화반경이 커 토양입자의 입단형성을 방해하므로 첨가하는 것이고, 정해진 시약의 양과 glass bead의 수, 조건 등은 선행 연구 자료를 바탕으로 결정하였다.

③ 2시간 동안 150 rpm에서 교반한다.

④ Glass bead을 제거한 후 시료를 체 교반기에 옮긴다.

2) 입자 분산

① 체 교반기에 넣은 시료를 체질한다.

주의사항 Amplitude : 1.5 mm

〈Sieve shaker〉

주의사항 많은 양의 물을 사용하여 Sieving을 할 경우 신속한 분리가 가능하지만 배수된 물에 포함된 Silt와 Clay를 분리하기에는 시료 양이 너무 많으므로 물의 양을 조절하면서 작동시킨다. 이때 배수관을 통해 흘러나오는 물이 투명해질 때까지 반복해야 한다.

② 각 체에 남아있는 Coarse sand, Medium sand, Fine sand를 각 비커에 모은 후 Coarse sand, Medium sand가 담긴 비커에 증류수를 조금씩 넣으면서 부유하는 유기물을 비커에 모은다. 분류작업이 끝난 비커는 105°C에서 건조시킨다.

주의사항

1. 입자 분획이 아니고, 입단 분획을 할 경우 앞의 입단 분쇄 과정을 생략하고, 입단 분산 과정의 ①과 ②만 수행한다.
2. 각 체에 남은 Sand 수거 시 미처 걸러지지 못한 더 작은 Sand가 통과할 수 있으므로 한 단계 낮은 체를 밑에 받쳐두고 수거한다.
3. 각 토양입자별 무게를 측정할 경우 미리 무게를 측정해 놓은 비커를 사용한다.

③ 체질 시 사용한 물(Silt + Clay 포함) 전량을 500 mL 원심분리용 병에 높이 9.4 cm로 담는다.

주의사항 Stokes' law를 이용하여 높이를 산정

$$v(cm/sec) = \frac{(d_p - d_l)}{18\mu} gD^2$$

주의사항 원심분리기를 이용하여 Silt와 Clay를 분리시켜야 하므로 입자의 지름에는 Silt의 가장 작은 크기인 0.002 mm를 대입하고 5분 동안 90 g(gravity)의 RCF(상대 원심력)으로 원심분리하였을 경우 모든 Silt가 침강할 수 있는 깊이를 산정한다.

$$\frac{X}{300} = \frac{2.6 - 1}{18 \times 0.01} \times 90 \times 980 \times (0.002)^2$$

$$\therefore X = 9.41 \text{ cm}$$

④ 원심분리용 병을 여러 번 흔들어 초음파 세척기에 넣는다.

주의사항

1. 500 mL 병 9.4 cm까지 채웠을 때 용량: 367 mL
2. 입단 분쇄를 하였지만 체질 과정 중 재입단화 되었을 경우를 고려하여 초음파를 이용한 확인분리를 실시한다.

⑤ 초음파 발생기의 세기를 250 J mL^{-1} 로 맞추고 작동시킨다.

주의사항

1. 선행연구자료를 바탕으로 계산한 값이다.
   (1 J = 1 W × 1 sec) (e.g. 50 W to 50 mL for 250 sec)
2. 250 J / 367 mL = 100 W to 367 mL^{-1} for 917.5 sec = 16분
3. 구비된 초음파 세척기의 최대 동력 : 150 W
   ∴ 동력을 66%로 맞추어 작동

〈초음파 발생기〉

3) Silt와 Clay 분리

① RCF(Relative Centrifugal Force) 90 G에서 5분 동안 원심 분리하여 Silt를 침전시킨다. 원심분리기에서 RCF mode 선택 가능하며, 90 G는 약 2600 rpm에 해당한다.

주의사항 RCF = 1.12 × R(회전반지름, 12 cm) × $(RPM/1000)^2$

주의사항 양팔저울에서 원심분리용 병(Centrifuge bottle, 원심분리기에서 대칭으로 위치하는 bottle 2개씩)의 무게가 동일하도록 필요할 경우 증류수를 첨가한다.

② 상등액(Clay)을 다른 원심분리용 병에 옮겨 담는다.

③ 남은 침전물(Silt)은 증류수로 높이 9.4 cm 까지 맞춘 후 ①번과 ②번 과정을 2회 반복한다.

주의사항 90 G에서 5분 동안 원심 분리하는 힘은 용액의 최상단에 있는 가장 작은 Silt입자를 침전시키는 힘이다. 이때 균일한 상태로 혼합되어 있는 하단의 Clay도 가라앉으므로 남아있는 침전물에 증류수를 9.4 cm 채우고 재부상 시킨 후 분리한다.

④ 옮겨 담은 상등액은 $CaCl_2$ 약 2 g을 넣고 3000 rpm에서 5분 동안 원심분리한 후 건조한다(Clay).

3.5. 계산방법

$$\text{입자분획분포(\%)} = \frac{\text{분획별 무게}}{\text{토양 전체의 무게}} \times 100$$

참고문헌

Kemper WD, Rosenau RC (1986) Aggregate stability and size distribution. In: Cambell GS, Nielsen DR, Jackson RD, Klute A, Mortalnd MM (Eds.), Method of Soil Analysis, Part 1: Physical and Mineralogical Methods. ASA and SSSA, Madison, Wisconsin, USA. pp. 425-442.

4
입경분석

4.1. 실험 원리

○ 입경분석을 통해 토양 무기 입자(<2 mm)의 크기별 분포 비율을 조사하여 토성(Soil Texture)을 결정할 수 있다.

○ 미농무성(USDA) 분류에 따르면 입자는 크게 Sand(0.05~2 mm, 모래), Silt(0.002~0.05 mm, 실트), Clay(<0.002 mm, 점토)로 구분한다.

○ 토양 유기물을 분해한 후 입자를 물리적 및 화학적 방법으로 분산시키고 모래는 체거름으로 분리하고, 점토와 실트는 Stokes' Law를 이용하여 분리한다.

○ 유기물 제거: 토양시료의 입단을 파괴하기 위해 Cementing agent인 유기물, 철산화물 등을 제거하는 과정이다. 보통 유기물만 과산화수소(H_2O_2)로 분해한다.

○ 분산: Cementing agent가 제거된 시료의 입자를 분산시켜 재입단화를 막는 과정으로 화학적 분산과 물리적 분산이 있다.

- 화학적 분산: 헥사메타인산나트륨(Sodium-Hexametaphosphate, Na-HMP)를 첨가하면, 점토에 흡착된 2가 또는 3가 양이온들을 Na 이온으로 치환 시켜준다. Na 이온은 입자들이 응집되는 것을 막아준다.
- 물리적 분산: Hand screw를 이용하거나, Glass beads를 넣고 교반하여 기계적 힘으로 입자를 분산시킨다.

○ Stokes' Law

① 이 법칙은 입자의 침강속도(v)와 입자지름(D) 사이의 관계를 나타낸 식으로 법칙에 의하면 주어진 점성의 유체에서 중력에 의해 침강되는 구형 입자의 최종속도는 입자 직경의 제곱에 비례한다.

▶ $F_{up} = \frac{4}{3}\pi r^3 d_l g + 6\pi r\eta v$ ▶ $F_{down} = \frac{4}{3}\pi r^3 d_p g$

- $6\pi\gamma\mu v$ = 용액 속 구체의 낙하 점성 항력
- η = 용액의 점성 계수(0.010 poise(g/cm·s) at 20℃)
- r = 구체의 반경(cm)
- v = 낙하 속도(cm/sec)
- d_p = 구체의 밀도(about 2.6 g/cm³)
- d_l = 용액의 밀도(about 1.0 g/cm³)
- g = 중력 가속도(980cm/sec²)

② 입자가 침강할 때 t = 0에서 저항력 = 0이므로 일정 시간 동안은 침강속도가 증가한다. 그러나 부력과 점성저항에 의한 저항력도 증가하기 때문에 일정 시간이 지나면 하향력과 저항력이 같아져 등속도 운동을 한다($F_{up} = F_{down}$, $\Sigma F = 0$, $a = 0$).

▶ $F_{up} = \frac{4}{3}\pi r^3 d_l g + 6\pi r\eta v$

▶ $F_{up} = \frac{(d_p - d_l)}{18\eta} gD^2$ (D : 입자의 직경(cm))

여기에서 용액 및 입자의 밀도, 점성 계수는 일정한 상수로 나타낼 수 있다.

▶ $V = kD^2 \fallingdotseq 8711D^2$

③ Stokes' Law의 가정

- 입자는 모양이 달라도 낙하속도가 같으면 같은 반지름을 가진다.
- 입자간의 상호작용이 없다.
- 기벽과의 마찰이 없다.
- 밀도와 점성계수가 일정하다(항온상태).
- 무기입자만 존재한다.
- 대류가 없다.

④ Stokes' Law의 이론적 검증

- Clay(<0.002 mm)의 경우 20℃에서 침강시간은 7시간 16분이고 10 cm 거리에서 pipetting 한다면,

$$V_t = \frac{(d_p - d_l)}{18\eta} gD^2$$ 의 식에서 $$\frac{10}{26169} = \frac{(2.6076 - 1)}{18 \times 0.01} 980D^2$$

이다. 따라서 D = 0.002 mm

4.2. 필요 시약 및 제조 방법

① 30% 과산화수소(Hydrogen Peroxide, H_2O_2)

② 5% 헥사메타인산나트륨(Sodium-Hexametaphosphate, Na-HMP)

- 50 g의 Na-HMP를 1 L V-flask에 넣어 부피를 맞춘다.

4.3. 실험 기구 및 장비

실험 기구

① 1 L V-플라스크(V-flask)

② 500 mL 삼각 플라스크(Erlenmeyer Flask, △-flask, 삼각-flask)

③ 홀 피펫(Hole pipette)

④ 1 L Mason Jar

⑤ 스페출라(Spatula)

⑥ 플라스틱 비커(Beaker)

⑦ 데시케이터(Desiccator)

⑧ 100 mL 비커(Beaker)

⑨ 1 L 메스실린더(Mass cylinder)

⑩ Wet sieving(53 ㎛)

실험 장비

① 화학저울(Chemical balance)

② 건조기(Drying oven)

③ 교반기(Shaker) 또는 Screw shaker

4.4. 실험 방법

① 500 mL 삼각플라스크의 무게(Wf1)를 칭량한 후(무게 칭량 시 0.001자리까지 기록) 105℃에서 24시간 건조시킨 시료 12~13 g을 넣는다.

② 유기물을 분해시키기 위해 증류수 약 20 mL를 넣고 30% H_2O_2 10-20 mL를 가하고 거품이 발생하지 않을 때까지 30% H_2O_2를 반복하여 가한다.

주의사항

1. 유기물 함량이 많은 시료는 거품이 넘칠 수 있으므로 1 L 삼각플라스크에 취한다.
2. 유기물 함량에 많은 시료는 분해 초기에 급격하게 반응하므로 소량(5~10 mL)의 30% H_2O_2를 가하여 분해한다.
3. 유기물 분해과정에서 시료가 급격히 반응하여 플라스크를 넘치는 경우에는 Sand에 비해 상대적으로 가벼운 Clay와 Silt가 흘러나오므로 무기입자의 비율이 달라지므로 재실험한다.
4. 유기물 산화과정에서 유해 가스가 발생할 수 있으니, 암후드로 가스를 포집한다.

③ 시료가 상온에서 느리게 반응하면 30% H_2O_2를 가한 후 105℃ 오븐이나 Hot Plate에서 반응시키는 작업을 반복한다.

주의사항

1. 반응이 빠르게 일어나 끓어 넘치려 할 시에 30~40℃로 온도를 조정해준다.
2. 오븐에서 반응시킬 때는 상단에 후드가 설치된 오븐을 이용하고, Hot plate를 사용할 때는 암후드로 가스를 제거한다.

④ 시료의 유기물이 완전히 분해되면(기포가 발생하지 않으면) 105℃에서 완전히 건조시킨 후 데시케이터에서 방랭시키고 삼각플라스크의 무게(Wf2)를 칭량한다.

⑤ 삼각플라스크 내의 시료를 스페츌라를 이용하여 완전히 긁어낸 후 증류수 약 200 mL를 사용하여 500 mL 플라스틱 비커에 옮겨 담는다.

⑥ 분산제인 5% Na-HMP 10 mL를 가하고 Screw shaker로 1분간 교반한다.

주의사항

1. 500 mL 플라스틱 병을 사용할 경우 glass bead 3개를 넣고 10분간 교반시킨다.
2. HMP 용액의 농도는 0-5%사이로 사용할 수 있다. 0-0.5%의 농도에서 용액의 밀도를 순수한 물과 같다고 가정하였을 때 0.3% 이하의 Settling time 오차가 발생한다. 보통 용액의 밀도와 점성을 고려하여 5% HMP solution의 사용하고 있다.
3. Hydrometer method에서 가용성 염, 석고에 의한 점토의 응집은 침강하는 동안에 발생할 수 있는 큰 오차의 원인이다. 따라서 가용성 염이 많은 토양에서 Pipette method 과정 중 1M NaOAc를 가하여 이를 제거해 주어야 한다. 석고 제거를 위해 바륨을 가하거나, HMP의 농도를 높여준다.

⑦ 비커의 무게(Wb1)를 단 후, ④의 시료 중 Sand를 Wet sieving(53 ㎛)으로 분리한 후 105℃에서 건조 후 무게를 칭량한다(Ws+Wb1).

⑧ 남은 시료(Silt와 Clay)를 1 L 실린더로 옮기고 1분간 end-over-end로 흔든 후 정치시킨다(Don't touch).

주의사항 실린더가 흔들릴 경우 입자의 등속운동이 교란되어 침전된 입자가 재부상하게 된다.

⑨ 알루미늄 캔의 무게(Wb2)를 단 후, 일정 시간(표. 입자크기별 온도에 따른 침강시간 참조) 후 25 mL 피펫으로 10 cm 깊이에서 Clay를 채취하여 캔에 담고 105℃에서 건조 후 무게를 단다(Wc+Wb2).

4.5. 계산방법

시료무게(g) = Wf2 − Wf1 (<u>시료무게는 유기물을 제거한 무게 기준이다.</u>)

%Sand = (Ws/시료무게) × 100

%Clay = (Wc/시료무게) × (1000/25) × 100 : 40은 희석배수

%Silt = 100 - (%Sand+%Clay)

- Ws: 모래(Sand) 무게
- Wc: 점토(Clay) 무게

참고문헌

Gee GW, Bauder JW (1986) Particle-size analysis. In: Cambell GS, Nielsen DR, Jackson RD, Klute A, Mortalnd MM (Eds.), Method of Soil Analysis, Part 1: Physical and Mineralogical Methods. ASA and SSSA, Madison, Wisconsin, USA. pp. 383–411.

<입자크기별 온도에 따른 침강시간(10 cm 침강시간, d=2.6076)>

입경 / 온도(°C)	0.02 mm(silt)		0.002 mm(clay)		0.05 mm		0.01 mm	
	분	초	시간	분	분	초	분	초
0	8	32	14	14	1	22	34	08
1	8	14	13	44	1	19	32	57
2	7	58	13	16	1	16	31	51
3	7	42	12	50	1	14	30	48
4	7	28	12	29	1	12	29	50
5	7	14	12	03	1	09	28	54
6	7	00	11	41	1	07	28	02
7	6	48	11	20	1	05	27	12
8	6	36	11	00	1	03	26	24
9	6	26	10	41	1	02	25	39
10	6	14	10	23	1	00	24	56
11	6	04	10	06		58	24	14
12	5	53	9	49		57	23	33
13	5	44	9	34		55.	22	57
14	5	35	9	19		54	22	22
15	5	27	9	05		52	21	47
16	5	19	8	51		51	21	14
17	5	11	8	38		50	20	42
18	5	02	8	24		48	20	10
19	4	55	8	12		47	19	41
20	4	48	8	00		46	19	12
21	4	41	7	48		45	18	43
22	4	34	7	37		44	18	17
23	4	28	7	26		43	17	51
24	4	22	7	16		42	17	26
25	4	16	7	06		41	17	02
26	4	10	6	56		40	16	39
27	4	04	6	47		39	16	16
28	3	59	6	38		38	15	54
29	3	53	6	29		37	15	34
30	3	48	6	21		37	15	14
31	3	43	6	12		36	14	54
32	3	39	6	05		35	14	36
33	3	34	5	57		34	14	17
34	3	30	5	50		34	14	00
35	3	26	5	43		33	13	43

7장

토양 미생물 분석법

1 미생물 생체 탄소

1.1. 실험 원리

○ 미생물 생체 탄소(Microbial biomass carbon, MBC)는 토양 미생물의 생체량을 평가할 수 있는 지표이다. 미생물 생체 탄소를 분석하기 위하여 클로로포름(Chloroform) 훈증(Fumigation)법을 이용한다. Chloroform은 가스 형태로 토양 미생물과 접촉하여 세포벽을 분해하여 체내 유기탄소를 방출시킨다. 훈증시료와 비훈증시료의 차이를 계산하여 미생물 생체 탄소량을 결정한다.

1.2. 필요 시약 및 제조 방법

필요 시약

1) Dichromate digestion method 이용 시

① 클로로포름(Ethanol-free chloroform)

② 0.5 M 황산칼륨(K_2SO_4, Mw: 174.259 g mol^{-1})

③ 황산은 용액($AgSO_4$, Mw: 98.079 g mol^{-1})

주의사항 황산은 용액($AgSO_4$)은 일반적으로 필요하지 않다. 하지만, 토양 염소(Cl^-) 함량이 높을 경우 $2Cl^-$가 Cl_2로 산화되어 $K_2Cr_2O_7$를 소비하기 때문에 Cl^-를 $AgCl_2$로 침전시키기 위해 필요하다. 실험 결과, 간척지 토양에서는 필요하지 않는 것으로 나타났다.

④ 0.025 N 중크롬산칼륨($K_2Cr_2O_7$, Mw: 294.185 g mol^{-1})

⑤ 0.025 N 황산철($FeSO_4$, Mw: 151.908 g mol^{-1})

⑥ 지시약(0.025 M o-Phenanthroline-ferrous complex)

⑦ 비등석(= 끓임쪽)(Boiling stone)

2) TOC Analyzer 이용 시

① 클로로포름(Ethanol-free chloroform)

② 0.5 M 황산칼륨(K_2SO_4)

③ 비등석(=끓임쪽)(Boiling stone)

④ TOC 장비 소모품

시약 제조 방법

1) 0.5 M K_2SO_4

① 2 L 비커에 K_2SO_4 174.26 g을 교반하면서 녹인다.

② 2 L V-flask에 옮겨 담은 후 증류수로 부피를 맞춘다.

2) $AgSO_4$

① 1 L 비커에 황산은($AgSO_4$) 11 g을 교반하면서 녹인다.

② 1 L V-flask에 옮겨 담은 후 황산(H_2SO_4)으로 부피를 맞춘다.

주의사항 녹는 데 시간이 걸리므로 미리 만들어 두는 게 좋다.

3) 0.025 N $K_2Cr_2O_7$

① $K_2Cr_2O_7$을 105°C에서 8시간 건조 후 데시케이터에 보관한다.

② 1 L V-flask에 $K_2Cr_2O_7$ 1.226 g을 넣고 녹인 후 부피를 맞춘다.

4) 0.025 N $FeSO_4$

① 1 L 비커에 $FeSO_4 \cdot 7H_2O$ 6.9509 g을 넣고 진한 H_2SO_4 0.75 mL를 가한 후 교반하면서 녹인다.

② 1 L V-flask에 옮겨 담고 부피를 맞춘다.

③ 위에서 만든 0.025 N $K_2Cr_2O_7$ 10 mL에 대해 적정하여 농도를 표준화한다.
(0.025 N이 정확히 되지 않으므로 0.025 N $K_2Cr_2O_7$이 정확하다는 가정)

주의사항 쉽게 산화되기 때문에 사용 직전에 제조하여 사용하고 남은 시약은 폐기한다.

5) 지시약(0.025 M o-Phenanthroline-ferrous complex)

① o-phenanth roline monohydrate 1.485 g과 ferrous sulfate heptahydrate($FeSO_4 \cdot 7H_2O$) 0.695 g을 100 mL V-flask에 넣는다.

② 흔들어 녹인 후 부피를 맞춘다.

1.3. 실험 기구 및 장비

실험 기구

① 100 mL 비커(Beaker)

② 100 mL wide-mouth bottle

③ 시험관(Test tube)

④ 깔때기(Funnel)

⑤ 5C 여과지(Filter paper, Advantec No. 5C

실험 장비

① 진공펌프(Vacuum pump)

② 데시케이터(Desiccator)

③ 교반기(Shaker)

④ 디스펜서(Dispenser)

⑤ 디지털 뷰렛(Digital burette)

⑥ 자석교반기(Magnetic stirrer)

1.4. 실험 방법

수분함량 계산

주의사항 미생물 생체량은 토양 시료를 건조하지 않은 상태에서 측정하기 때문에 훈증에 사용된 토양의 정확한 무게를 계산하기 위해서 토양 수분 함량을 측정한다.

① 100 mL 비커 무게를 잰 후, 비커에 토양 10 g을 재고 무게를 기입한다.

② 105°C 오븐에서 1일 동안 건조시킨다.

③ 건조 후, 비커+토양 무게를 잰 후 수분함량을 계산한다.

④ 수분 보정을 위해 건조 기준 10 g의 무게를 계산한다. 훈증, 비훈증 시료는 계산한 값의 무게를 잰다.

훈증

1) 준비 사항

① 실험 하루 전에 액체질소를 주문(10 L 단위)한다. 실험 당일에 액체질소 Trap 용기에 액체질소를 채운다. 이때, 액체질소는 Chloroform 증기를 빠르게 얼게 하여 Chloroform이 진공 펌프로 들어가거나, 공기를 오염시키는 것을 방지한다.

주의사항

1. 액체질소는 온도가 -196°C로 매우 위험하기 때문에 반드시 전용장갑을 끼고, 신체에 액체질소가 튀지 않도록 실험복과 신발(슬리퍼 안 됨)을 착용한다.
2. Chloroform은 독성이 강하므로 조심하도록 한다.

② 80% Ethanol로 데시케이터의 가장자리와 뚜껑에 남은 오래된 그리스(Grease)를 제거하고 새 Grease를 고르게 바른다.

③ 데시케이터 바닥에 젖은 Paper towl을 넣어 습윤 상태를 유지한다.

④ 분석 시료가 많을 경우 50 mL 비커에 토양을 미리 담아두고 알루미늄 호일을 씌우고 수분 손실을 막기 위해 밀폐용기에 담아서 상온 보관한다.

주의사항

1. 제주도 화산회토와 같이 유기물 함량이 많은 토양은 더 큰 용량의 비커를 사용한다.
2. Chloroform 훈증 효율은 토양의 양과 비커에 토양의 깊이에 영향을 받기 때문에 시료 간 차이가 없도록 한다.
3. Chloroform은 유기용매이기 때문에 테이프 접착 성분과 잉크 성분을 녹이기 때문에 시료명은 연필로 비커에 직접 표기한다. 다만, Chloroform 훈증 여부를 확인하기 위해 2-3개 시료 비커에 라벨 용지를 붙이고 그 위에 네임펜으로 추가로 시료 명을 표기한다. 훈증 후에 라벨지의 네임펜 글씨가 흐려져 있으면 훈증이 제대로 된 것이다.

2) 실험 과정

① 토양이 담긴 비커를 데시케이터에 배치한다.

② 250 mL 비커에 뜨거운 물(정수기 물)을 100 mL 담고, Chloroform 80 mL와 Boiling stone 10 조각을 넣은 125 mL 비커를 위 250 mL 비커에 조심스럽게 담은 후 데시케이터 가운데에 둔다.

주의사항 뜨거운 물은 Chloroform을 잘 끓게 한다.

③ 시료를 가장자리에 배치한 후 뚜껑을 앞뒤로 밀어 닫는다. 단, 시료가 많은 경우 2층으로 시료를 배치하고 Chloroform을 담은 비커를 추가한다.

④ 데시케이터 밸브를 채우고 진공펌프에 전원을 켠 후 천천히 밸브를 열어준다.

〈미생물 훈증 데시케이터〉

⑤ Chloroform이 완전히 끓으면 데시케이터 밸브를 다시 잠그고, 진공펌프에 연결된 밸브를 외기로 바꾸고, 데시케이터 밸브를 다시 열어서 Back-flush 시켜 Chloroform이 토양에 골고루 스며들게 한다.

⑥ ④번 과정을 반복하여, Chloroform이 다시 끓으면 1분 정도 유지한 후, 데시케이터 밸브를 잠근다.

주의사항 한 번 끓은 Chloroform은 다시 끓지 않는 경우가 있다. 이때는 뜨거운 물과 Chloroform을 교체하여 진행한다.

⑦ 24시간 동안 훈증 후, 데시케이터 내부와 토양에 흡착된 Chloroform을 제거하기 위해 데시케이터 밸브를 연다. 이때 공기 이동 소리가 들린다.

⑧ 진공펌프로 3분 동안 데시케이터에 남아있는 Chloroform 증기를 제거하고, Back-flush 한다.

⑨ 데시케이터 뚜껑을 열고 Chloroform 비커를 꺼내어 즉시 폐액통에 버린다. 데시케이터 뚜껑을 닫고 ⑧ 과정을 3회 반복하여 토양 시료에 잔류한 Chloroform을 제거한다.

주의사항 데시케이터 뚜껑이 열리지 않는다면 개수대에 뜨거운 물을 받아 약 2분 동안 데시케이터를 개수대에 둔 후 뚜껑을 여는 것이 좋다.

토양 유기 탄소 추출

① 비훈증 토양과 훈증 토양을 100 mL 광구병에 담고 0.5 M K_2SO_4 40 mL를 넣는다. 훈증 토양은 스페츌라로 모두 회수하여 병에 담는다.

주의사항 1. 이때 토양과 0.5 M K_2SO_4는 기본 1:4의 비율을 따른다.

2. 습윤 토양 사용 시 토양 수분함량을 측정하여 농도계산에 사용하여야 한다.

3. 비훈증 시료는 훈증 시작 즈음에 추출한다.

② 180 rpm에서 1시간 동안 진탕한다.

③ 5C filter paper로 여과시켜 Screw type 시험관에 받는다.

주의사항 침출액의 양에 따라 bottle의 크기를 조절한다.

분석

1) Dichromate digestion method

- 침출액 10 mL를 사용하여 5장 "유기물(습식 산화법)" 방법에 따라 분석한다.

주의사항 시료의 농도가 높을 경우 희석하여 분석한다.

- 단, 0.025 N $K_2Cr_2O_7$와 0.025 N $FeSO_4$를 사용한다.
- 시료 대신 0.5 M K_2SO_4 10 mL를 준비하여 Blank로 한다.

2) TOC Analyzer method

- TOC 분석기 사용 방법에 따라 분석한다.

1.5. 계산방법

$$MBC(mg\ kg^{-1}) = (C_F - C_{UF})$$

- C_F : 훈증 시료의 TOC(mg kg^{-1})
- C_{UF} : 비훈증 시료의 TOC(mg kg^{-1})

참고문헌

Horwath WR, Paul EA (1994) Microbial biomass. In: Weaver RW, Angel S, Bottomley P, Bezdicek D, Smith S, Tabatabai A, Wollum A (Eds.), Methods of Soil Analysis, Part 2: Microbiological and Biochemical Properties. ASA and SSSA, Madison, Wisconsin, USA. pp. 753-773.

Lee SI, Choi WJ, Kwak JH, Lim SS, Park HJ, Chang SX, Kim HY (2016) The chloroform fumigation efficiency in water-saturated soils increases with mixing sand and decreasing packing thickness. European Journal of Soil Biology 75, 88-96.

2 토양 호흡

2.1. 실험 원리

○ 토양 미생물은 유기물을 분해하는 과정에서 호흡을 통해 CO_2를 방출하여, 방출된 CO_2 양으로 미생물의 활동이나 유기물 분해 정도를 평가할 수 있다.

○ 일반적으로 토양 호흡은 뿌리 호흡(Autotrophic)과 미생물 호흡(Heterotrophic)으로 구분되기 때문에 식물이 없는 조건에서의 토양 호흡은 미생물 호흡을 의미한다.

○ 생성된 CO_2는 물과 반응하여 약산인 H_2CO_3가 형성되며, 약산은 NaOH와 반응한다.

$$H_2CO_3 + 2NaOH \rightarrow Na_2CO_3 + 2H_2O$$

○ CO_2와 반응 후 남은 NaOH를 HCl로 적정하여 포집된 CO_2를 계산한다. 산-염기 반응에 사용되는 지시약인 페놀프탈레인(Phenolphthalein) 용액은 염기성에서는 적자색이며 중성에서는 무색이 된다.

2.2. 필요 시약과 제조 방법

필요 시약

① 1 N 수산화나트륨(NaOH, Mw: 39.997 g mol^{-1}): CO_2의 양에 따라 농도를 달리할 수 있다.

② 0.5 N 염화수소(HCl): NaOH 양과 농도에 따라 농도를 달리할 수 있다.

③ 페놀프탈레인(Phenolphthalein)

④ 2 N 염화바륨($BaCl_2$, Mw: 208.23 g mol^{-1})

⑤ 2 N 염화스트론튬($SrCl_2$, Mw: 158.53 g mol^{-1}) (동위원소 분석 시 사용)

제조 방법

1) 1 N NaOH(2 L 기준)

① 2 L 비커에 증류수를 1 L정도 채운 후 NaOH 80 g을 넣는다.

② 교반하면서 녹인 후 식을 때까지 기다린다.

③ 식은 후 2 L V-flask에 옮겨 담고 무게를 맞춘다.

④ 시약병에 옮겨 담은 후 공기가 들어가지 않도록 밀봉한다.

2) 0.5 N HCl(2 L 기준)

① 1 N HCl standard 용액 1000 mL를 1 L V-flask를 이용해 2 L V-flask에 정확하게 넣고 증류수로 2 L로 mass-up 한다.

3) Phenolphthalein(100 mL 기준)

① Phenolphthalein 0.5 g을 정확하게 100 mL V-flask에 담는다.

② 95% 에탄올(Ethanol)로 녹인 후 부피를 맞춘다.

4) 2 N $BaCl_2$(2 L 기준)

① 1 L 비커에 $BaCl_2$ 416.46 g을 넣고 교반하면서 녹인다.

② 2 L V-flask에 옮겨 담고 부피를 맞춘다.

5) 2 N $SrCl_2$(2 L 기준)

① 1 L 비커에 $SrCl_2 \cdot 6H_2O$ (Mw: 266.62 g mol^{-1}) 533.26 g을 넣고 교반하면서 녹인다.

② 2 L V-flask에 옮겨 담고 부피를 맞춘다.

2.3. 실험 기구 및 장비

① 1 L Mason jar

② 100 mL 비커(Beaker)

③ 뷰렛(Burette)

④ 자석교반기(Magnetic stirrer)

⑤ 인큐베이터(Incubator)

⑥ 20 mL 바이얼(Vial)

2.4. 실험 방법

1) CO_2 포집

주의사항 CO_2 포집은 실험 포장에 직접 적용할 수 있으며, 필요할 경우 실내 항온 배양실험으로 포집 가능하다.

① 20 mL 바이얼에 1 N NaOH 10 mL 혹은 20 mL를 홀피펫을 이용하여 넣는다.

② 바이얼을 외부 공기 차단 조건(포장 실험에서는 아래가 뚫린 플라스틱 병을 씌우고, 항온배양 실험에서는 Mason jar 이용)으로 설치한다.

③ 아래의 반응에 의해 CO_2가 포집되도록 한다.

$$H_2O + CO_2 \rightarrow H_2CO_3 + 2NaOH \rightarrow Na_2CO_3 + 2H_2O$$

주의사항

1. 새 바이얼에 NaOH를 담을 때 필요한 만큼 비커에 담아서 사용하며, 공기와의 접촉을 최소화한다.

2. 바이얼 교체 시 2회 이상 반복하여 CO_2 적정이 필요할 경우 토양수분조절을 하고 O_2를 공급한 다음 밀봉한다.

2) 적정

① 바이얼에 있는 NaOH를 50 mL 비커에 옮겨 담는다. 바이얼에 남아있는 NaOH를 증류수로 두 번 정도 세척해서 옮겨 담는다.

② 2 N $BaCl_2$를 5 mL를 넣어 탄산이온(CO_3^{2-})을 침전 제거한다. HCl로 적정하면 CO_3^{2-}가 CO_2로 손실되므로 미리 침전시킨다($H_2O + CO_2\uparrow \leftrightarrow 2H^+ + CO_3^-$, 산을 넣어주면 ←으로 반응 진행).

$$NaOH + BaCl_2 + Na_2CO_3 \rightarrow NaOH + 2NaCl + BaCO_3(s)$$

주의사항 $BaCl_2$는 NaOH 당량에 따라 양을 달리한다. 예를 들어 넣어준 NaOH가 모두 Na_2CO_3로 되었다고 가정하면,

- NaOH : 1 N × 10 mL = 10 meg
- $BaCl_2$: 2 N × 5 mL = 10 meg

③ 비커에 Phenolphthalein 지시약을 2방울 떨어뜨린다. 이때 색깔은 적자색을 띤다.

주의사항 모든 시료에 동일한 양의 지시약을 사용한다.

④ 0.5 N HCl로 NaOH를 적정한다.

$NaOH + HCl \rightarrow NaCl + H_2O$ (산-염기 반응)

⑤ 색깔이 무색(흰색의 침전물이 존재할 경우에는 흰색)으로 변할 때까지 HCl로 적정한다.

주의사항

1. 적정 시 최소 개수의 비커(2개 정도)를 사용하고 적정이 끝나면 0.5 N HCl을 넣어서 흰색 침전물을 녹인 후 세척한다.

2. **동위원소 분석 시**
   - 동위원소 분석이 필요한 경우 지시약을 넣지 않고 pH meter를 이용하여 pH가 7 이 되도록 적정한다. 이때 $BaCl_2$가 아닌 $SrCl_2$를 사용한다.
   - 또한, 적정 시 비커를 시료별로 개별로 사용하고 적정이 끝나면 Conical tube에 보관한다. pH가 7에 가까워질수록 pH 변화의 폭이 크니 천천히 적정한다.

2.5. 계산방법

$$CO_2(\text{mg } CO_2\text{-C g}^{-1} \text{ soil}) = (B-S) \times N \times E \times 1/W$$

- B : Blank 적정 시 들어간 HCl양(mL)
- S : Sample 적정 시 들어간 HCl양(mL)
- N : 적정 시약 HCl의 노르말 농도
- E : CO_2 or C 당량

  (CO_2-C는 12/2 = 6 mg, C 원자 하나가 NaOH 2 분자와 반응)
- W : 토양 무게 (g)

2.6. 유의사항

① 적정 시 최소 개수의 비커(2개 정도)를 사용하고 적정이 끝나면 0.5 N HCl을 넣어서 흰색 침전물을 녹인 후 세척한다.

② 새 바이얼에 NaOH를 담을 때 필요한 만큼 비커에 담아서 사용한다.

③ 바이얼 교체 시 2회 이상 반복하여 CO_2 적정이 필요할 경우, 토양수분조절을 하고 O_2를 공급한 다음 밀봉한다.

④ NaOH양을 결정할 때

- 배양하는 기간이 길어지면 포집된 CO_2 양이 많아지기 때문에 NaOH 양(농도 또는 부피)도 증가시킨다.
- 유기물이 많은 토양일 경우에 NaOH 양을 많이 한다.

참고문헌

Anderson JPE (1982) Soil respiration. In: Page AL (Ed.), Methods of Soil Analysis, Part 2: Chemical and Microbiological Properties(2nd ed.). ASA and SSSA, Madison, Wisconsin, USA. pp. 831-871.

Park HJ, Lim SS, Kwak JH, Yang HI, Lee KS, Lee YH, Kim HY, Choi WJ (2018) Elevated CO_2 concentration affected pine and oak chemistry and the respiration and microbial biomass of soils amended with these litters. Biology and Fertility of Soils 54, 583-594.

8장

식물체 분석법

1 총질소와 총인

1.1. 실험 원리

○ 식물체 총질소 함량은 일반적으로 원소분석기법이나 Kjeldahl법으로 분석하고, 총인 등 기타 성분은 습식분해법을 이용하여 전처리한다. 습식분해법은 산용액으로 유기물질을 분해하는 방법으로 H_2SO_4-H_2O_2 방법과 H_2SO_4-$HClO_4$ 방법이 있다. 습식분해법에서는 금속이 난용성의 복잡한 규산염을 형성하지 않는데 이는 H_2SO_4 혹은 $HClO_4$를 사용할 때 SiO_2가 충분히 탈수되어 흡착작용을 최소화시키기 때문이며, 그 결과 금속 함량 측정에서 오차가 감소한다.

1.1.1. H_2SO_4-H_2O_2 분해

○ 산화제 H_2SO_4는 고온에서 유기화합물의 탄소를 산화시켜 CO_2를 생성하여 유기물질의 구조를 파괴한다.

$$H_2SO_4 \rightarrow SO_3 + H_2O \text{ (고온)}$$
$$2SO_3 \rightarrow 2SO_2 + 2[O]$$
$$C + 2[O] \rightarrow CO_2$$

○ 시료의 유기질소 화합물 중 단백질은 H_2SO_4의 작용으로 가수분해하여 아미노산으로 분해되고, 아미노산은 또 H_2SO_4의 탈안작용으로 NH_3로 환원되고, NH_3은 황산과 결합하여 $(NH_4)_2SO_4$ 형태로 용액에 존재한다. 그 반응은 다음과 같다.

$$\text{단백질} \rightarrow \text{각종아미노산 (가수분해)}$$
$$NH_2CH_2COOH + 3H_2SO_4 \rightarrow NH_3 + 2CO_2 + 3SO_2 + 4H_2O$$
$$2NH_3 + H_2SO_4 \rightarrow (NH_4)_2SO_4$$

○ 이 방법에서 H_2O_2 산화제를 첨가하는 것은 분해 속도를 가속하기 위해서이지만, 몇 가지 주의할 점은 다음과 같다.

주의사항
① H_2O_2를 너무 빨리 넣지 말 것
② H_2O_2를 과량 투입하지 말 것
③ H_2O_2는 소량으로 여러 번 넣어야 할 것
④ 온도가 너무 높으면 안 됨
⑤ H_2O_2에 질소와 인이 함유하지 않은 것

○ 이 방법으로는 질산태질소를 측정할 수 없기 때문에 질산태질소의 함량이 높은 신선하고 건장한 식물조직의 질소 측정에는 사용하지 않는다.

1.1.2. H_2SO_4-$HClO_4$ 분해

○ $HClO_4$는 강산이면서 강산화제로 유기물질을 산화시키고 광물질도 분해한다. 또한 $HClO_4$는 탈수작용이 아주 강하여 아교상 규산을 쉽게 탈수시키고 Fe^{3+}와도 반응하여 인의 발색 측정에서 규소와 철의 영향을 억제한다. 황산은 산화제로 분해를 촉진하는 기능을 한다. 이 방법은 식물체뿐 아니라 토양의 총인 분석에도 사용된다.

1.2. 필요 시약 및 제조 방법

1.2.1. H_2SO_4-H_2O_2 분해

필요 시약

① 진한 황산(H_2SO_4)
② 30% 과산화수소(Hydrogen Peroxide, H_2O_2)(N, P free)

1.2.2. H_2SO_4-$HClO_4$ 분해

필요 시약

① 진한 황산(H_2SO_4)
② 60% 과염소산(Perchloric acid, $HClO_4$)
③ 2 N 황산(H_2SO_4)

④ 5 N 수산화나트륨(NaOH, Mw: 39.997 g mol^{-1})

⑤ Standard phosphate solution

제조 방법

1) 2 N H_2SO_4(1 L 기준)

① 1 L V-flask에 증류수를 절반쯤 채운 후 진한 황산(H_2SO_4) 55.6 mL를 조심스럽게 넣는다.

② 잘 흔들어주면서 섞은 후 mass-up, 식으면 다시 mass-up 한다.

2) 5 N NaOH(2 L 기준)

① 플라스틱 bottle(2 L 증류수 bottle)에 증류수를 절반쯤 넣는다.

② 후드 안에서 Stirring하면서 NaOH를 200 g을 조금씩 넣으면서 녹인다.

③ 다 녹인 후 온도가 충분히 내려간 후에 2 L로 mass-up 한다.

3) Standard phosphate solution(100 mL 기준)

① 100 mL V-flask에 오븐에서 건조한 Potassium dihydrogen phosphate(KH_2PO_4) 0.4393 g을 정확하게 넣고 증류수를 가해 잘 녹인다.

② 다 녹으면 파스텔 피펫을 이용해 Toluene 1~2방울을 넣는다.

③ 증류수로 mass-up 한다. 이 용액은 1000 ppm P를 함유한다.

주의사항 Toluene은 미생물의 활동을 억제시킨다.

1.3. 실험 기구 및 장비

1.3.1. H_2SO_4-H_2O_2 분해

실험 기구

① 80 mL 분해관(Digestion tube)

② 100 mL V-플라스크(V-flask)

③ 트랜스 피펫(Trans pipette)

④ 깔때기(Funnel)

실험 장비

① 분해대(Block digester) 또는 흑연 블럭

② 화학저울(Chemical balance)

1.3.2. H_2SO_4-$HClO_4$ 분해

실험 기구

① 100 mL와 1 L V-플라스크(V-flask)

② 메스실린더(Mass cylinder)

③ 트랜스 피펫(Trans pipette)

④ 파스텔 피펫(Pastel pipette)

⑤ 2 L 플라스틱 bottle

⑥ 80 mL 분해관(Digestion tube)

⑦ 깔때기(Funnel)

⑧ pH paper

실험 장비

① 자석교반기(Magnetic stirrer)

② 화학저울(Chemical balance)

③ 분해대(Block digester) 또는 흑연 블럭

④ 분광광도계(Spectrophotometer)

1.4. 실험 방법

1) H_2SO_4-H_2O_2 분해

① 건조하여 분쇄한(0.42 mm) 식물 시료 0.1 g을 80 mL 분해관에 담는다.

② 증류수로 시료를 습윤시킨 후 진한 황산 8 mL를 가하고 잘 혼합한다.

③ 분해관을 분해대에 넣고 100°C(1시간) → 150°C(1시간) → 200°C로 가열하면서 하얀 연기가 생성될 때부터 5분간 가열한다.

④ 분해관을 분해대에서 내려 약 3분간 냉각한 후 30% H_2O_2 약 0.5 mL를 넣는다.

⑤ 다시 5분간 가열하고, 냉각한 후 30% H_2O_2를 5 방울 넣고 가열한다. 필요에 따라 이 과정을 몇 번 반복하여 분해액이 백색투명하게 되면 약 5분간 더 가열하여 남은 H_2O_2를 제거한다. 분해에 소요되는 시간은 약 1시간 30분 정도이다.

⑥ 분해가 끝나면 냉각시키고 100 mL V-flask에 옮기고 증류수로 부피를 맞춘다.

⑦ 질소 분석은 토양 T-N 분석법과 동일하다.

⑧ 인산 분석은 토양 T-P 분석법과 동일하다.

2) H_2SO_4-$HClO_4$ 분해

① 건조하여 분쇄한(0.42 mm) 식물시료 0.1 g를 분해관에 담고 증류수로 시료를 습윤 시킨다.

② 진한 황산(H_2SO_4) 5 mL를 가하고 30분 혹은 하룻밤 동안 방치한다.

③ 60% $HClO_4$ 5~6 방울을 가하고, 잘 혼합한 후 분해관을 분해대에 올려 100℃에서 5~8분 동안 분해한다. 분해액이 무색투명하면 분해가 완료한 것이다.

주의사항 만약 흑색 혹은 갈색이면 분해관을 냉각한 후 60% $HClO_4$ 1~2 방울을 추가하여 다시 분해대에 올려 완전 분해될 때까지 가열 분해한다.

④ 분해가 끝나면 식힌 후 100 mL V-flask에 옮기고 증류수로 100 mL로 맞춘다.

⑥ 질소 분석은 토양 T-N 분석법과 동일하다.

⑦ 인산 분석은 토양 T-P 분석법과 동일하다.

1.5. 주의사항

○ 고온에서 위험한 산을 다루는 실험이기 때문에 모든 보호장비를 착용하고, 안전사고 예방에 각별히 주의한다.

참고문헌

Lowther JR (1980) Use of a sing sulphuric acid-hydrogen peroxide digest for the analysis of pinus radiata needles. Communications in Soil Science and Plant Analysis 11, 175-188.

2
금속

2.1. 실험원리

○ H_2SO_4-HNO_3-$HClO_4$로 시료를 분해한다. 질산 분해 과정에서 생성된 산소는 강한 산화력을 가지고 있다. 황산은 산화 반응을 촉진하고, 과염소산도 강한 산화제로서 유기물질을 분해하여 간단한 가용성 무기 화합물을 형성하며 SiO_2를 탈수 침전시킨다.

○ 이 분해액으로 측정할 수 있는 금속은 K, Na, Ca, Mg, Mn, Fe, Al 등이다.

2.2. 필요 시약 및 제조 방법

필요 시약

① 산 혼합액

② 10% 염산(HCl)(V/V)

③ 0.5% 염산(HCl)(V/V)

제조 방법

1) 산 혼합액

① 1 L V-flask에 H_2SO_4(density 1.84)와 $HClO_4$(60%)를 각각 100 mL 씩 넣고 HNO_3 (density 1.42)로 mass-up 한다.

주의사항 이때 열이 발생하므로 식힌 후 다시 mass-up 한다.

2) 10% HCl(V/V)(100 mL 기준)

① 진한 HCl 10 mL를 증류수로 희석하여 100 mL로 만든다.

3) 0.5% HCl(V/V)(100 mL 기준)

① 진한 HCl 0.5 mL를 증류수로 희석하여 100 mL로 만든다.

2.3. 실험 기구 및 분석 장비

실험 기구

① 100 mL와 1 L V-플라스크(V-flask)

② 80 mL 분해관(Digestion tube)

③ 트랜스 피펫(Trans pipette)

④ 여과지(Whatman No. 42 filter paper)

⑤ 깔때기(Funnel)

분석 장비

① 분해대(Block digester)

② 화학저울(Chemical balance)

2.4. 실험방법

① 건조하여 분쇄한(0.42 mm) 식물시료 0.5~2.0 g을 분해관에 담고 증류수로 시료를 습윤시킨다.

② H_2SO_4-HNO_3-$HClO_4$(1:8:1) 10 mL를 가하고 하룻밤 동안 후드에서 방치한다.

③ 100°C에서 한 시간 동안 가열 후 점차 온도를 높여(150°C(1hr) → 200°C) 분해액이 무색투명할 때 온도를 좀 더 높여 하얀 연기가 발생할 때 2~3분 동안 가열하면 분해가 끝난다.

④ 냉각한 후 10% HCl 20 mL를 가하여 다시 가열하여 끓인 후 100 mL V-flask에 여과(Whatman No. 42 사용)한다.

⑤ 분해관과 여과지를 0.5% HCl로 세척하여 100 mL V-flask에 합하고 부피를 맞춘다.

⑥ ICP나 AA로 금속함량을 분석한다.

2.5. 주의사항

○ 고온에서 위험한 산을 다루는 실험이기 때문에 모든 보호장비를 착용하고, 안전사고 예방에 각별히 주의한다.

참고문헌

Huang CYL, Schulte EE (1985) Digestion of plant tissue for analysis by ICP emission spectroscopy. Communications in Soil Science and Plant Analysis 16, 943-958.

3 리그닌

3.1. 실험 원리

○ 식물체에 함유된 리그닌은 난분해성 물질로 알려져 있어 토양 유기물 분해와 탄소 격리에서 식물 잔사의 분해도 평가에 대한 중요한 지표이다.

○ 알콜-벤젠 혼합 유기 용매로 지방산을 추출하여 탈지시료를 만든 후, 황산용액을 첨가하여 가수분해 반응을 일으킨다. 이 과정을 통해 탈지시료는 산 가용성 물질과 불용성 물질로 나뉘게 되는데, 대표적으로 Glucan과 Xylan은 산 가용성 물질이며, 리그닌은 산 불용성 물질에 속한다. 일부 산 가용성 리그닌도 존재하지만, 그 함량이 산 불용성 리그닌에 비해 극히 낮기 때문에 본 실험에서는 산 가용성 리그닌은 고려하지 않는다.

○ 산 불용성 리그닌 함량은 연소시켜 중량법으로 계산한다. 따라서 탈지-가수분해-연소 과정동안 반드시 칭량을 해야 하며, 이 방법을 통해 정량한 리그닌을 일반적으로 Klason lignin이라 정의한다.

3.2. 필요 시약 및 제조 방법

필요시약

① Alcohol(95%)-benzene 혼액(1:2 v/v)

주의사항 벤젠은 위험물질로 분류되기 때문에, Alcohol-benzene 혼액을 제조 시 반드시 후드에서 제조한다.

② 72% 황산(H_2SO_4)

시약 제조 방법

1) 72% H_2SO_4(1 L 기준)

① 96% H_2SO_4 750 mL을 1 L V-flask에 담고 증류수를 기벽을 따라 천천히 가하면서 부피를 맞춘다.

3.3. 실험 기구 및 분석 장비

실험 기구

① 100 mL HDPE bottle(용매 내성인 bottle 사용)

② 여과지(∅>47 mm glass filter paper(GF/C))

③ 500 mL 유리병(Glass bottle)(Auto-clave용)

분석 장비

① 진공펌프

② 교반기(Shaker)

③ 진공 데시케이터(Vacuum Desiccator)

④ Furnace

⑤ 고온고압멸균기(Auto-clave)

3.4. 실험 방법

1) 탈지

① 건조 시료 0.5 g을 100 mL 플라스틱 병에 넣는다.
(이 때, bottle은 Solvent resistant(용매 내성)인 것을 사용한다.)

② Alcohol-benzene 혼액 50 mL를 넣고 상온에서 30분간 교반한다.

③ 사전에 칭량(W_0)한 GF/C를 이용하여 여과한다.

④ 여과한 GF/C를 알루미늄 접시에 담고 진공 데시케이터에서 20분간 건조시킨다.

주의사항 모든 GF/C를 Vacuum desiccator에서 건조시킬 때에는 진공을 걸어 건조시키기 때문에, 건조가 완료된 후 혹을 열 때, 시료가 순간적인 압력으로 날리지 않게 천천히 혹을 열어야 한다.

⑤ 건조시킨 GF/C를 칭량(W_1)한다.

주의사항 탈지과정을 위해 필요한 GF/C(W_0에 해당하는 여과지)는 사전에 본 실험에 사용하는 에탄올로 충분히 세척 후, 105°C에서 2시간 건조한 뒤, 30분간 방랭하여 칭량한다.

2) 가수분해

① GF/C-W_1 시료를 GF/C로부터 최대한으로 수거하여 500 mL 유리병에 넣는다.

주의사항 이때, 병은 auto-clave용을 사용한다.

② 72% H_2SO_4 10 mL를 넣고 상온에서 2시간 동안 교반한다.

주의사항 이때, 시료가 완전히 분해될 수 있도록 황산을 가한 후 즉시 흔들어준다.

③ (W_1+10) g의 28배 만큼의 증류수(약 280 mL 가량)를 가하여 황산이 2.5%가 되도록 희석한다.

④ 시료를 담은 유리병을 121°C에서 1시간 동안 auto-clave한다.

⑤ Auto-clave가 완료되면 충분히 식힌 후, 사전에 칭량(W_2)한 GF/C를 이용하여 여과한다. 증류수(100 mL)로 5회 이상 잔류 황산을 충분히 씻어낸다.

⑥ 여과한 GF/C를 알루미늄 접시에 담고 105°C에서 건조시킨다.

⑦ 건조시킨 GF/C를 칭량(W_3)한다.

주의사항 가수분해 과정을 위해 필요한 GF/C(W_2에 해당하는 여과지)는 사전에 본 실험에 사용하는 증류수로 충분히 세척 후, 105°C에서 2시간 건조한 뒤, 30분간 방랭하여 칭량한다.

3) 연소 과정

① GF/C-W_3 시료를 도가니에 담고 550°C의 Furnace에서 4시간 동안 가열한다.

② 충분히 식힌 후, 칭량(W_4)한다.

탈지과정

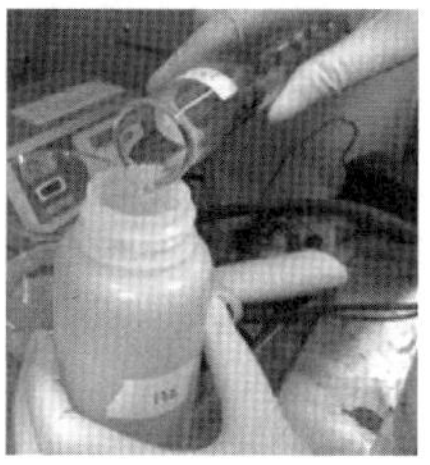

1. 볼밀된 시료 0.5g에 알코올-벤젠 혼합액 50mL를 넣고 교반함.

2. 교반된 시료를 진공여과장치를 통해 직경 90mm 유리섬유 여과지에 여과함.

3. 시료를 여과한 여과지는 진공 데시게이터에서 20분간 건조시킴.

가수분해과정

4. 건조된 시료를 Spatula를 이용하여 Auto-clave용 용기에 모두 수거함.

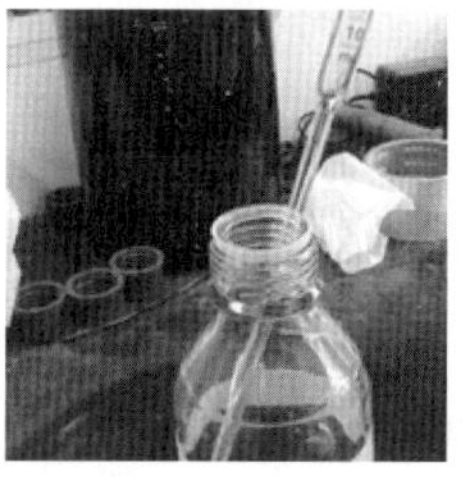

5. 72% H_2SO_4 10mL를 넣음.

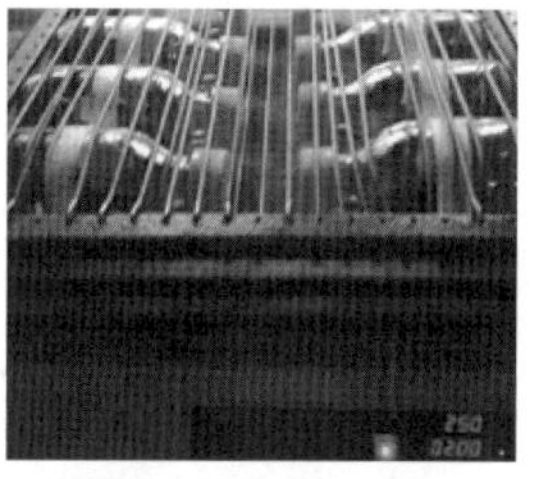

6. 상온에서 2시간 동안 교반함.

7. 증류수를 이용하여 4% H_2SO_4가 되도록 희석한 후 Auto-clave를 이용하여 121°C에서 1시간 동안 가수분해시킴

8. 가수분해가 완료된 시료를 진공여과장치를 통해 직경 90mm 유리 섬유 여과지에 여과.

9. 시료를 여과한 여과지는 105°C 오븐에서 2시간 동안 건조시킴.

리그닌제거

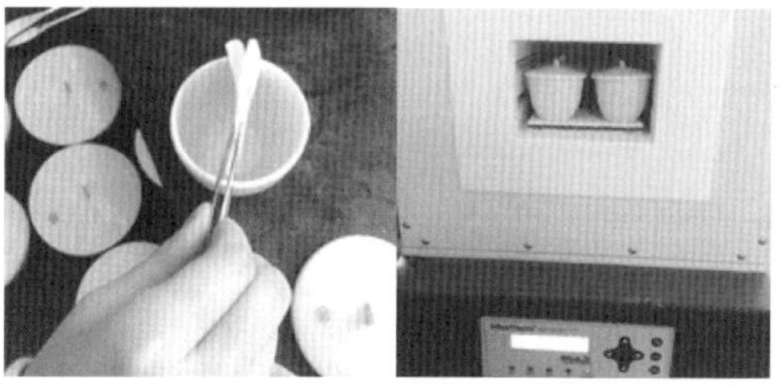

10. 건조된 시료는 도가니에 넣고 Furance를 이용하여 560°C에서 4시간 동안 가열함.

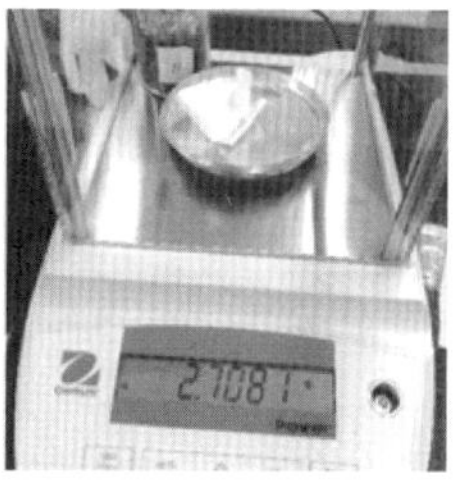

11. 최종무게(ROM)를 칭량함.

〈리그닌 분석 과정〉

3.5. 계산방법

$$\text{지방산 함량(\%)} = \frac{W_1 - W_0}{\text{시료무게}} \times 100$$

$$\text{Ash를 포함한 기타물질 함량(\%)} = \frac{W_4 - W_2}{\text{시료무게}} \times 100$$

$$\text{리그닌 함량(\%)} = \frac{W_4 - W_3}{\text{시료무게}} \times 100$$

- $W_0 \sim W_4$: 각 단계별 무게

참고문헌

King HGC, Heath GW (1967) The chemical analysis of small samples of leaf material and the relationship between the disappearance and composition of leaves. Pedobiologia 7, 192-197.

Park HJ, Lim SS, Kwak JH, Yang HI, Lee KS, Lee YH, Kim HY, Choi WJ (2018) Elevated CO_2 concentration affected pine and oak chemistry and the respiration and microbial biomass of soils amended with these litters. Biology and Fertility of Soils 54, 583-594.

4 비구조성 탄수화물

4.1. 실험 원리

○ 식물의 탄수화물은 구조성과 비구조성(Nonstructural carbohydrate, NSC)으로 구분되며, 비구조성 탄수화물은 대부분은 전분(Starch)과 같은 이분해성 물질이다.

○ 토양에서 이분해성 유기물은 쉽게 분해되기 때문에 식물 잔사의 비구조성 탄수화물 함량은 식물 잔사의 분해도를 설명하는데 필요하다.

○ 시료를 가열하여 전분을 호화(Gelatin화)시킨 후 효소 반응을 일으키기 위해 α-amylase와 Amyloglucosidase를 첨가하여 전분을 수용성인 단당류(글루코스)로 만든다.

○ 여과하여 수용성 단당류를 제거하고 남은 고상 물질을 구조성 탄수화물로 간주하며, 이를 칭량하여 비구조성 탄수화물을 정량한다.

4.2. 필요 시약 및 제조 방법

필요 시약

① 인산2수소칼륨(KH_2PO_4, Mw: 136.086 g mol^{-1})

② 인산2나트륨12수화물($Na_2HPO_4 \cdot 12H_2O$, Mw: 141.96 g mol^{-1})

③ 아지드화나트륨(NaN_3, Mw: 65.0099 g mol^{-1})

주의사항 NaN_3는 맹독성이므로 극단적인 주의가 필요하다. 이 화합물의 무게를 재거나 용해시킬 때는 반드시 마스크를 착용하고 후드에서 작업한다.

효소

① 알파아밀라제(α-amylase)

② 아밀로글루코시다제(Amyloglucosidase)

시약 제조 방법

1) 인산완충액(5 L 기준)

① 5 L V-flask에 KH_2PO_4 60.4 g과 $Na_2HPO_4 \cdot 12H_2O$ 19.9 g, NaN_3 0.5 g를 넣고 증류수로 녹인 후 mass-up 한다(상온보관 가능).

2) 효소용액

① 인산완충액 20 mL에 α-amylase 1.5 mg과 Amyloglucosidase 0.5 mg을 넣고 Stir bar를 이용하여 녹인다.

주의사항 장기 보관 불가하므로 사용직전에 필요량만 제조

4.3. 실험 기구 및 장비

실험 기구

① 50 mL 스크류병

② 여과지(No. 5A filter paper)

③ 스페츌라(Spetular)

④ 알루미늄 캔

⑤ 깔때기(Funnel)

실험 장비

① 가열판(Hot plate)

② 자석교반기(Magnetic stirrer)

③ 진탕배양기

4.4. 실험 방법

1) 전분 호화

① 시료 약 0.5 g을 정확히 계량하여 50 mL의 스크류병에 넣는다,

② 시료를 넣은 스크류병에 증류수 30 mL를 가한다.

③ 스크류병의 뚜껑을 가볍게 열어 Hot plate (200℃)에 올려 가열한다.

④ 비등상태(끓는 상태)가 되면 스크류병을 Hot plate에서 내려 방랭한다. 하룻밤 정도 방치해도 무방하다.

2) 전분 분해

① 효소용액 20 mL를 전분을 호화시켜 방랭한 스크류병에 가한다.

② 스크류병의 뚜껑을 닫고, 40℃에서 24시간 진탕(70 rpm) 배양한다.

주의사항 효소를 넣은 다음 바로 배양개시, 배양 후에는 다소 방치해도 무방하다.

3) 정량

① 미리 칭량한 여과지에 전분이 수용화된 시료를 여과한다. 이때, 추후 잔여물의 칭량을 통해 NSC를 정량하므로, 잔여물(구조성 탄수화물)이 모두 수거될 수 있도록 Spatular와 증류수를 이용해 여러번 세정한다.

② 미리 칭량한 알루미늄 캔에 여과지를 옮겨, 105℃에서 2시간 건조시킨다.

③ 건조가 완료되면, 데시케이터에서 30분간 방랭한 후 칭량(W_1)한다.

4.5. 계산방법

$$비구조성탄수화물(\%) = \frac{S - (W_1 - W_0)}{S} \times 100$$

- S: 시료 무게(g)
- W_0 : 알루미늄 캔 + 여과지(g)
- W_1 : 알루미늄 캔 + 여과지 + 잔여물(구조성 탄수화물)(g)

참고문헌

Ohnish M, Horie T (1999) A proxy analysis of nonstructural carbohydrate in rice plant by using the gravimetric method. Japanese Journal of Crop Science 68, 126-126.

Park HJ, Lim SS, Kwak JH, Yang HI, Lee KS, Lee YH, Kim HY, Choi WJ (2018) Elevated CO_2 concentration affected pine and oak chemistry and the respiration and microbial biomass of soils amended with these litters. Biology and Fertility of Soils 54, 583-594.

5

기공전도도

5.1. 실험 원리

○ 식물은 광합성을 위해 CO_2를 흡수하고, 그 과정에서 기공을 통해 수분(H_2O)이 증산된다.

○ Porometer는 기기 내부에 장착된 2개의 센서와 잎의 습도(Humidity)를 측정하여 기공으로부터 방출되는 수분 플럭스를 측정하여 잎의 기공전도도(Stomatal conductance, mmol H_2O m^{-2} s^{-1})를 계산한다.

5.2. 기기 구성 및 소모품

○ 기기 모델 정보: Leaf Porometer SC-1, Decagon Devices, Inc., Pullman, WA., USA

○ 식물 잎에 직접 접촉하는 Pad와 제습제, 기타 부품으로 구성된다.

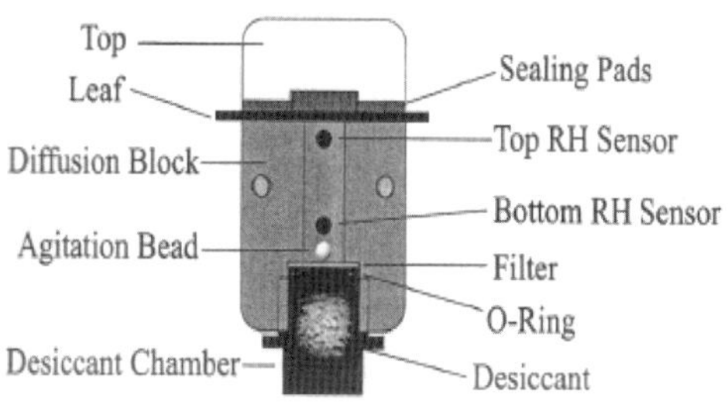

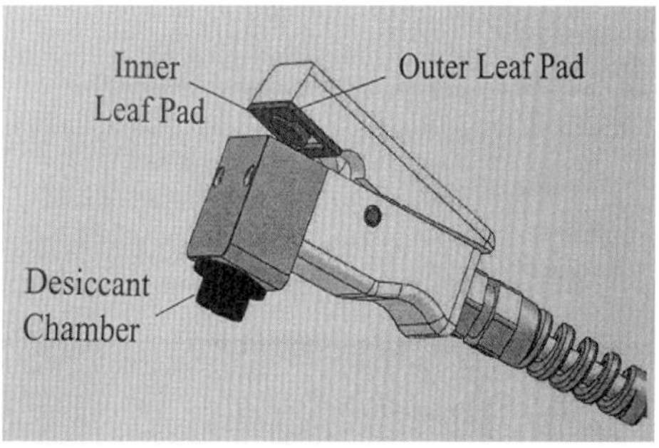

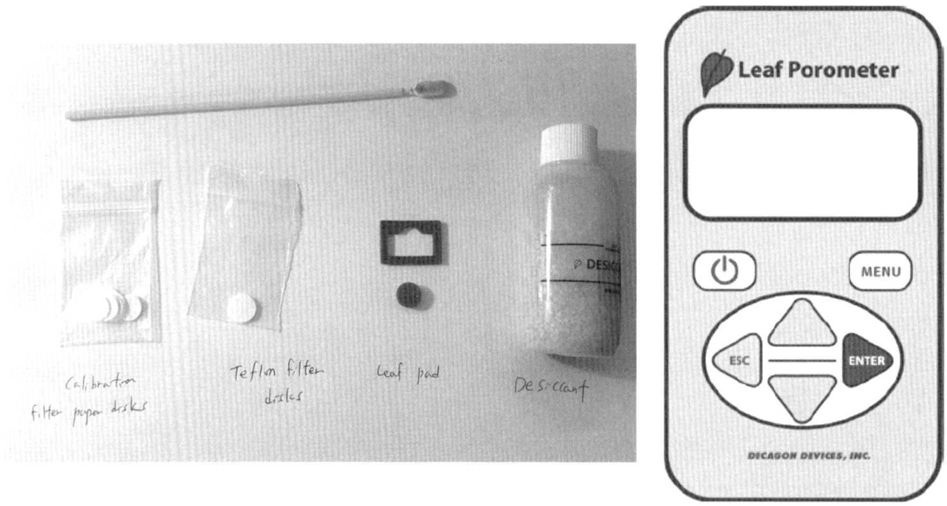

〈Porometer 기기 구성 및 소모품〉

5.3. 기기 관리

1) 기기를 장기간 사용하지 않다가 새롭게 사용할 경우

① O-ring, Teflon filter disks 교체

- Desiccant를 분리하고, 안쪽의 O-ring을 분리하고 그 안쪽의 Teflon filter disks를 교체한 후 새로운 O-ring을 넣는다.
- 이때 플라스틱 핀셋을 이용하며, Teflon filter disks는 반드시 가장자리를 집어서 작업하고 disks에 손상이 가지 않도록 주의한다.

② Leaf pad 교체

- 플라스틱 핀셋을 이용하여 Leaf pad를 모두 교체한다.

주의사항 부품 교체시 Dry swab으로 먼지를 제거한다.

2) 매번 측정 전

① Desiccant를 교체한다.

- 정상적인 경우 색이 파란색이고, 수분을 흡수했을 경우 분홍색
- 측정 전에 반드시 교체한다.

주의사항 부품 교체시 Dry swab으로 먼지를 제거한다.

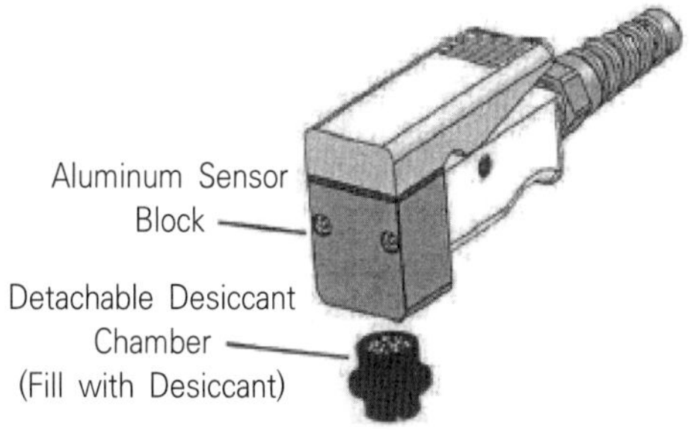

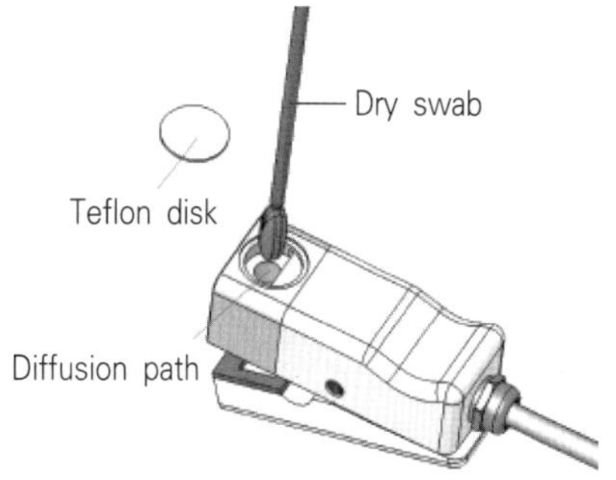

〈Porometer 소모품 교체 및 청소〉

5.4. 측정 방법

1) 기기 안정화

○ 기기가 주변 온도와 습도에 민감하기 때문에 기기 정비 후 측정 장소에서 10분 정도 안정화시킨다. 다른 방법은 없고 기다리는 것이 유일한 방법이다.

○ 안정화 확인 방법

- Measurement mode-Main 화면에서 "Enter" 버튼을 눌렀을 때 아래의 왼쪽 화면이 나타나면 안정화되지 않음을 의미한다.
- 대신, 오른쪽처럼 "Place sensor head on leaf" 메시지가 나타나면 안정화되어 측정이 가능한 상태임을 의미한다.

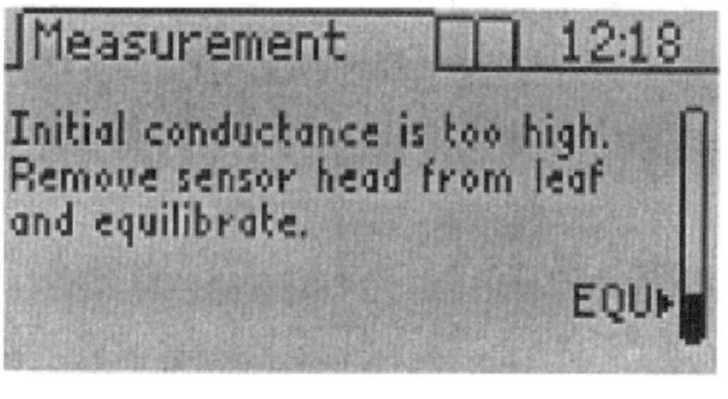

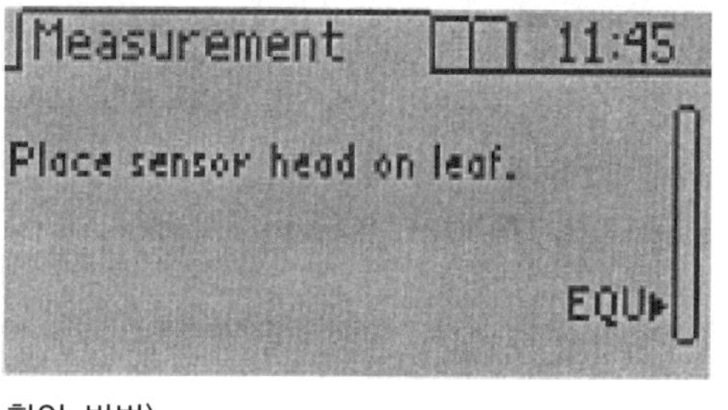

〈기기 안정화 확인 방법〉

2) Calibration

○ Calibration 필요 여부 확인

① 4번에서 기기가 안정화된 것을 확인한다.

② Filter paper를 핀셋으로 집고 증류수 1 방울 떨어뜨린 후 가볍게 털어서 과잉의 수분을 제거한다.

③ Filter paper를 Calibration plate(흰색 플라스틱 납작한 육면체)에 올리고 "Measurement"를 눌러서 측정한다.

- 값이 240 mmol H_2O m^{-2} s^{-1}와 유사할 경우 Calibration이 필요 없다.

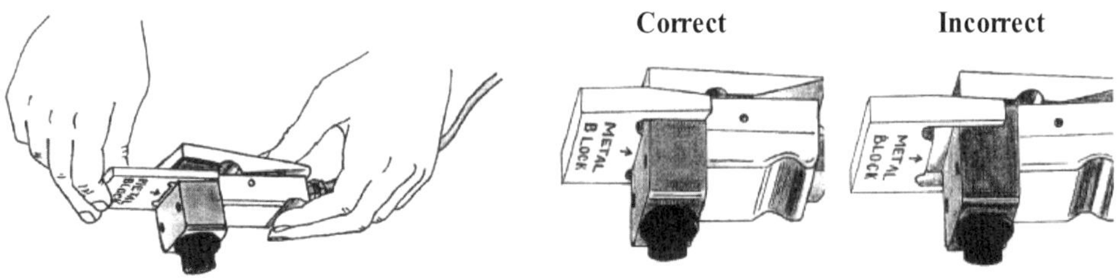

〈기기 Calibration 필요 확인 방법〉

○ Calibration 방법

① "Menu"를 2회 누르면 "Calibration" 모드로 전환된다.

② "Enter"를 누르면 "Calibrate"로 바뀌고, 다시 "Enter"를 2회 누르면 Sensor Serial Number 입력 화면이 나타난다. Sensor cable에 부착된 Sensor Serial Number를 입력한다.

주의사항 이미 입력되어 있으니, 확인한다.

③ "Stability test" mode에서 RH가 2% 근처로 안정화될 때까지 기다린다.

④ 안정화가 되어 "Enter"를 누르면 "Prepare Calibration Plate"가 나타난다.

⑤ Filter paper를 준비한다.

주의사항 Filter paper를 핀셋으로 집고 증류수 1 방울 떨어뜨린 후 가볍게 털어서 과잉의 수분을 제거한다.

⑥ Filter paper를 Sensor head에 끼운다.

- 30초간 자동으로 아래의 왼쪽같이 Calibration 된다.
- 아래의 중간과 같은 메시지가 나타나면, Sensor head에서 Filter paper를 분리하고, 안정화될 때까지 다시 기다린다.
- Calibration은 3회 반복되며, 만약 측정값의 오차가 7.5% 보다 높으면, 최대 10회까지 반복해야 한다. 만약 10회 측정시에도 만족스러운 결과가 나타나지 않을

때는 아래의 오른쪽과 같이 "Too Much Drift" 메시지가 나타난다.

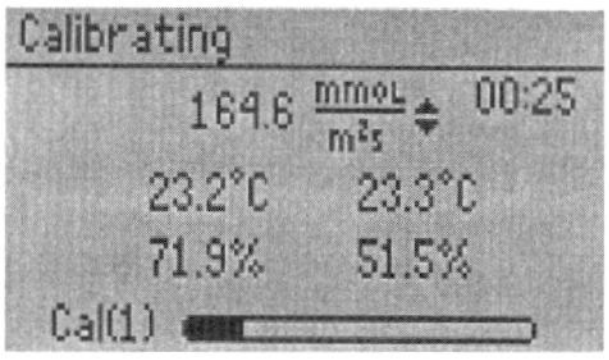

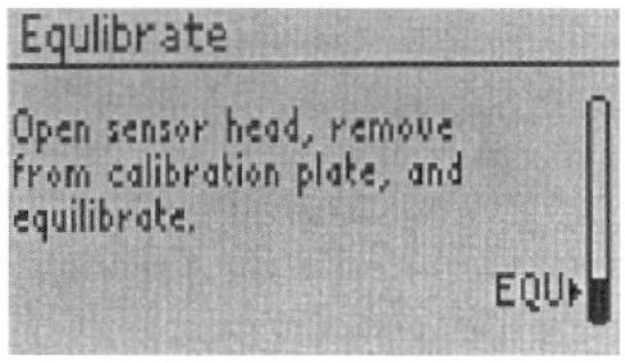

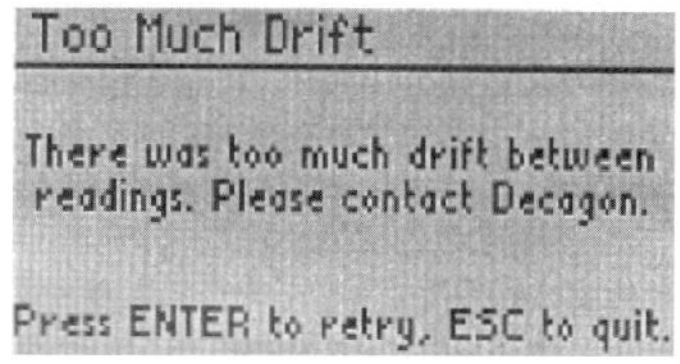

⑦ 만약, 아래의 왼쪽과 같은 메시지가 나타나면, Desiccant를 교체한다.

⑧ Calibration이 완료되면 아래의 오른쪽과 같은 메시지가 나타난다.

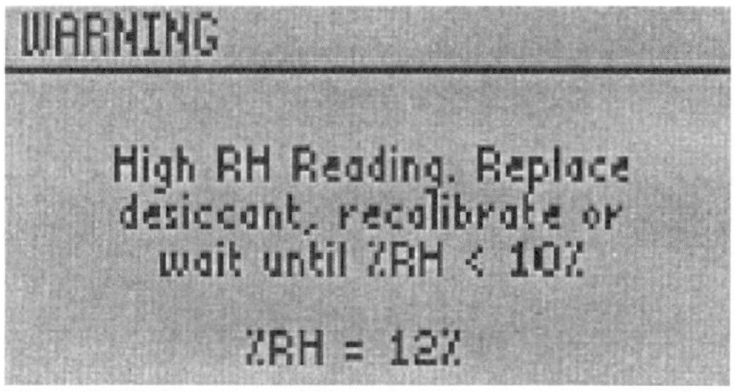

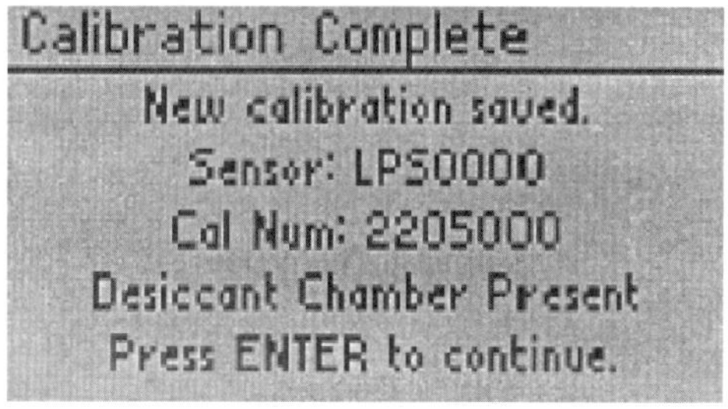

⑨ Calibration의 정확성 여부를 확인한다.

- "Measurement" 모드로 가서 Filter paper를 이용하여 값을 측정한다.
- 측정값이 240 mmol H_2O m^{-2} s^{-1}와 유사할 경우, Calibration이 정상적으로 진행된 것이다.

3) 측정

○ 안정화된 상태에서 기공전도도를 측정한다.

- 대부분의 식물은 기공이 잎의 뒷면에 있기 때문에 아래 그림의 왼쪽과 같이 측정한다. 1회 측정 후 안정화되면 다음 시료를 측정한다.

Abaxial(Bottom) **Adaxial(Top)**

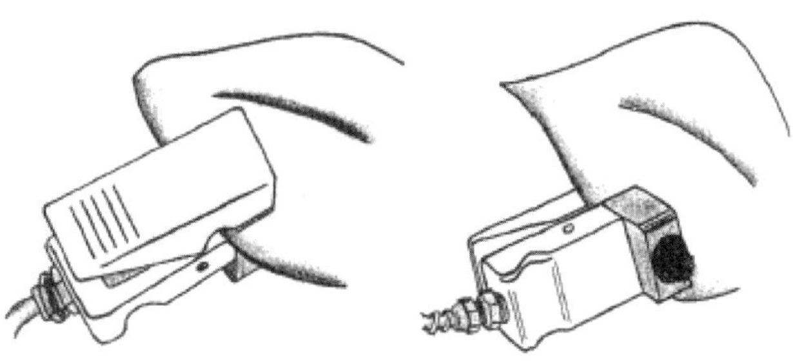

〈Porometer 측정 방법〉

참고문헌

Decagon Devices (2010) Leaf Porometer Operator's Manual Version 8. Decagon Devicess, Inc., Pullman, WA, USA.

9장

수질 분석법

1
시료여과 및 부유물질

1.1. 실험원리

○ 지하수는 비교적 불순물이 없지만, 하천과 호소와 같은 지표수에는 크기가 다양한 부유물질(Suspended solids, SS)이 있다.

○ 수질 시료의 부유물질은 유리섬유 여과지(GF/C, pore size: 1.2 μm)로 여과하여, 여과된 부유물질을 정량하고, 여과액을 이용하여 용존 물질을 분석한다.

1.2. 실험 기구 및 장비

실험 기구

① 메스실린더(Measuring cylinder)

② 유리섬유 여과지(GF/C; φ>47 mm)

③ 알루미늄 포일 접시

실험 장비

① 여과기: 진공펌프 연결

② 진공펌프(Vacuum pump)

③ 건조기(Dry oven)

④ 데시케이터(Desiccator)

⑤ 화학저울(Chemical balance)

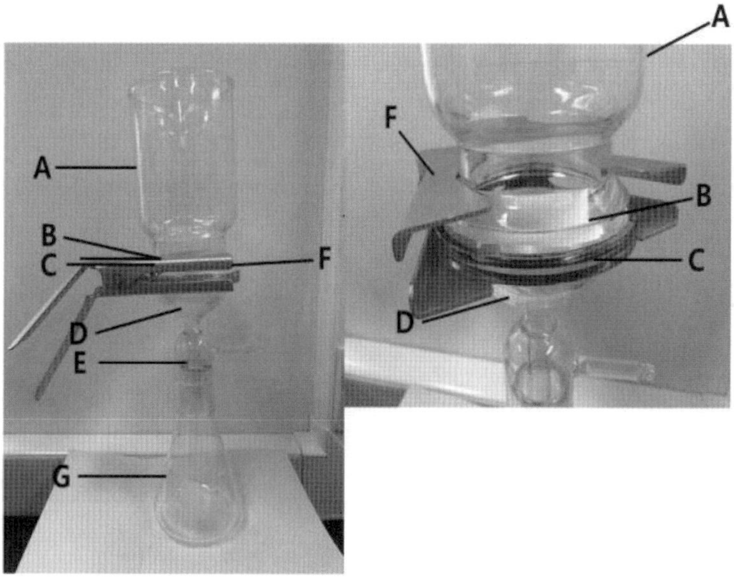

A: 상부 여과관

B: 여과재

C: 여과재 지지대

D: 하부 여과관

E: 고무마개

F: 금속제 집게

G: 흡인병

〈여과기 구조 및 명칭〉

1.3. 실험 방법

① 유리섬유 여과지(GF/C 또는 이와 동등한 규격으로서 지름 47 mm의 것)를 여과기에 부착하여 증류수 20 mL 씩 3회 흡입 여과한다.

② 여과기로부터 여과지를 분리한 후 알루미늄 포일 접시 위에 놓고 105~110℃에서 2시간 건조한 후 데시케이터에서 방랭한다.

③ 저울을 이용하여 무게를 정확하게(최소 0.001자리까지) 측정하여 기록한다.

주의사항 여과지 무게를 측정할 때 한꺼번에 데시케이터에서 빼놓으면 수분에 의해 오차가 발생하므로 하나씩 측정한다.

④ 메스실린더를 이용하여 100 mL 내외의 시료를 여과기에 주입하면서 흡입 여과한다.

주의사항

1. 실험 전 후 10분 정도 진공펌프를 공회전시킨다.
2. 육안으로 시료의 탁도를 확인 후 부유물질이 많을 경우 시료량을 줄이고 반대의 경우 시료량을 증가시킨다.
3. 손으로 제거할 수 있는 크기의 고형물은 여과 전에 핀셋으로 제거한다.
4. 흡인병에 물이 너무 많을 경우 진공 펌프로 물이 유입되어 펌프 고장의 원인이 되므로 물이 넘지 않도록 자주 비워준다.

5. 흡인병과 진공펌프 사이에 실리카겔을 설치하여 진공펌프로의 수분 유입을 방지한다.

6. 많은 수의 시료를 측정할 경우 하부여과재가 막힐 수 있으므로 중크롬산 황산용액에 넣어 침전물을 녹인 다음 세척하여 사용한다.

⑤ 메스실린더와 여과기를 증류수를 이용하여 2~3회 씻어주고 여과지 위의 잔류물을 증류수로 2~3회 씻어준다.

⑥ 2~3분 더 흡입 여과 후 여과기로부터 여과지를 분리하여 시계접시위에 놓고 105~110℃에서 2시간 건조한 후 데시케이터에서 방랭시킨다.

⑦ Chemical balance를 이용하여 무게를 정확하게 측정하고 기록한다.

1.4. 계산방법

$$\text{부유물질}(\text{mg L}^{-1}) = (\text{b-a}) \times \frac{1000}{V}$$

a : 시료 여과전의 유리섬유 여과지 무게(mg)

b : 시료 여과후의 유리섬유 여과지 무게(mg)

V : 시료의 양(mL)

참고문헌

McCabe, KM, Smith EM, Lang SQ, Osburn CL, Benitez-Nelson CR (2021) Particulate and dissolved organic matter in stormwater runoff influences oxygen demand in urbanized headwater catchments. Environmental Science Technology 55, 952-961.

2
pH와 EC

2.1. 분석 방법

○ 채취한 수질 시료에 대해 토양 pH와 EC 측정법에 따라 분석한다.

참고문헌

Thomas GW (1996) Soil pH and soil acidity. In: Sparks DL, Page AL, Helmke PA, Loeppert RH, Soltanpour PN, Tabatabai MA, Johnston CT, Sumner ME (Eds.), Methods of Soil Analysis, Part 3: Chemical methods. ASA and SSSA, Madison, Wisconsin, USA, pp. 475-490.

USDA (United States Department of Agriculture) (1954) Diagnosis and Improvement of Saline and Alkali Soils. Agriculture Handbook No. 60. USSL. Washington D.C., USA.

3 생물화학적 산소요구량

3.1. 실험원리

○ 생물화학적 산소요구량(Biochemical oxygen demand, BOD)은 물속의 미생물이 오염물질을 분해할 때 필요한 산소량으로, BOD가 높으면 오염도가 높다는 것으로 해석한다.

○ 수질시료를 20℃에서 5일간 배양한 후 호기성 미생물의 증식과 호흡작용에 의하여 소비되는 용존산소의 양을 측정한다. 시료 중의 용존산소가 소비되는 산소의 양보다 적을 때에는 시료를 희석수로 적당히 희석하여 사용한다. 공장폐수나 혐기성 발효의 상태에 있는 시료는 호기성 산화에 필요한 미생물을 식종해야 한다.

3.2. 시료 전처리

○ 시료가 강산성 또는 강알칼리성, 잔류염소 등 산화성 물질을 함유하였거나 또는 용존산소가 과포화 되어 있을 때는 환경부의 "수질오염공정기준" 따라 전처리한다.

3.3. 시험방법

① 채취한 시료를 BOD 병에 옮겨 담는다.

② 보정된 DO meter 전극을 시료에 넣고 교반하면서 DO를 측정한다.

③ 측정이 끝나면 같은 시료를 병에 가득 채운 후 뚜껑을 막는다. 이때 병과 뚜껑사이에 빈 공간이 없도록 한다.

④ 20℃로 설정된 배양기에서 5일 동안 배양 후 다시 DO를 측정한다.

3.4. 계산방법

$$BOD(mg\ L^{-1}) = (D_1 - D_5) \times P$$

- D_1 : 시료용액(시료)의 15분간 방치한 후의 DO($mg\ L^{-1}$)
- D_5 : 5일간 배양한 다음의 시료용액(시료)의 DO($mg\ L^{-1}$)
- P : 시료를 희석한 경우, 희석배수

3.5. 주의사항

○ 식종 희석수를 사용하는 경우와 질산화 억제제를 사용하는 경우 등 다양한 분석 방법은 환경부의 "수질오염공정기준"을 참고한다.

참고문헌

APHA-AWWA-WEF (1998) Standard Methods for the Examination of Water and Wastewater, 20th ed. American Public Health Association, Washington D.C., USA.

4 화학적 산소 요구량: 중크롬산칼륨법

4.1. 실험원리

○ BOD는 생물학적으로 분해 가능한 수질 오염 지표이고, 화학적 산소 요구량(Chemical oxygen demand, COD)은 화학적으로 분해 가능한 오염 지표이다. 따라서, 대부분 COD에는 BOD가 포함된다.

○ 시료를 황산 산성 조건으로 만들고 중크롬산칼륨($K_2Cr_2O_7$)을 일정 과량으로 넣어서 일정시간 가열반응 시킨 다음 반응하지 않고 남아 있는 중크롬산칼륨을 황산철($FeSO_4$)로 적정하여 시료에 의해 소비된 중크롬산칼륨을 계산하고 이에 상당하는 산소의 양을 측정하는 방법이다.

○ 해수를 제외한 모든 시료(지표수, 지하수, 폐수 등)에 대해 COD 5-50 mg L^{-1} 범위에 적용한다.

○ 중크롬산에 의한 수질 시료 중 오염물질의 산화는 토양 유기물 습식 분석 방법과 동일하다.

4.2. 필요 시약 및 제조 방법

필요 시약

① 황산은 용액($AgSO_4$, Mw: 98.079 g mol^{-1})

② 0.025 N 중크롬산칼륨($K_2Cr_2O_7$, Mw: 294.185 g mol^{-1})

③ 0.025 N 황산철($FeSO_4$, Mw: 151.908 g mol^{-1})

④ 지시약(0.025 M o-Phenanthroline-ferrous complex)

⑤ 비등석(Boiling stone)

제조 방법

1) $AgSO_4$(Mw: 98.079 g mol^{-1})(1 L 기준)

① $AgSO_4$ 11 g을 1 L 황산에 넣고 흔들어준다.

주의사항 $AgSO_4$ 용액은 $AgSO_4$이 녹는데 시간이 걸리므로 미리 하루, 이틀 전에 만들어둔다.

2) 0.025 N $K_2Cr_2O_7$(Mw: 294.185 g mol^{-1})(1 L 기준)

① 1 L V-flask에 $K_2Cr_2O_7$(105°C에서 8시간 건조 후 데시케이터에 보관) 1.226 g을 넣고 녹인 후 부피를 맞춘다.

3) 0.025 N $FeSO_4$(Mw: 151.908 g mol^{-1})(1 L 기준)

① 1 L 비커에 $FeSO_4$ 6.9505 g을 넣고 진한 H_2SO_4 0.75 mL를 가한 후 stirring하면서 녹인다.

② 1 L V-flask에 옮겨 담고 부피를 맞춘다.

③ 위에서 만든 0.025 N $K_2Cr_2O_7$ 10 mL에 대해 적정하면서 표준화하다. (0.025 N이 정확히 되지 않으므로 0.025 N $K_2Cr_2O_7$이 정확하다는 가정)

주의사항 0.025 N $K_2Cr_2O_7$와 0.025 N $FeSO_4$는 갈색 병에 보관하고, 한 번에 너무 많은 양을 만들어 놓지 않는다.

4) Indicator(0.025 M o-Phenanthroline-ferrous complex)(100 mL 기준)

① o-phenanth roline monohydrate 1.485 g과 ferrous sulfate heptahydrate($FeSO_4 \cdot 7H_2O$) 0.695 g을 100 mL V-flask에 넣는다.

② 흔들어 녹인 후 부피를 맞춘다.

4.3. 실험 방법

시료 분해

① 250 mL 플라스크에 시료를 잘 흔들어 섞은 후에 홀 피펫을 이용해 20 mL를 정확하게 넣어준다.

주의사항

1. 시료를 플라스크에 넣기 전에 충분히 흔들어서 균일하게 해준다.
2. 피펫으로 시료를 채취할 때 시료의 양이 충분하면 증류수로 피펫을 세척한 후 시료로 한 번 더 세척해 준다.

② Boiling stone을 4~5개 넣어준다.

③ $AgSO_4$ 용액 20 mL를 넣어준다.

④ 0.025 N $K_2Cr_2O_7$를 홀 피펫을 이용해 10 mL를 정확하게 넣고 흔들어 섞어준다.

⑤ 플라스크에 냉각관을 연결시키고 냉각수를 흘려준다.

⑥ 냉각관 끝을 작은 비커로 덮고 1시간 동안 가열한다.

적정

① 분해가 끝난 시료를 충분히 식혀준다.

② 색 변화를 잘 관찰할 수 있도록 플라스크 절반까지 증류수를 채운다.

③ 지시약을 4~5방울 넣어준다.(모든 시료에 동일한 양의 지시약을 넣는다.)

④ 뷰렛에 0.025 N $FeSO_4$를 채우고 시료의 색깔이 청록색에서 적갈색으로 변할 때까지 조심스럽게 넣어준다.

주의사항 증류수로 넣어 같은 방법으로 실험하고 그 값을 Blank 값으로 사용한다.

4.4. 계산방법

$$COD(mg\ O_2\ L^{-1}) = (B-S) \times N \times \frac{1}{V} \times \frac{32}{4} \times 1000$$

- B : Blank 적정에 소비된 $FeSO_4$ 부피(mL)
- S : 시료 적정에 소비된 $FeSO_4$ 부피(mL)
- N : 적정에 사용한 $FeSO_4$의 N 농도
- V : 시료의 부피(mL)
- 32 : O_2의 분자량
- 4 : C가 CO_2로 산화될 때 잃어버린 전자 수
- 32/4 : 전자 하나에 해당하는 O_2의 질량
- 1000 : 부피 환산 계수(1000 mL/L)

참고문헌

APHA-AWWA-WEF (1998) Standard Methods for the Examination of Water and Wastewater, 20th ed. American Public Health Association, Washington D.C., USA.

5
화학적 산소 요구량: 과망간산칼륨법

5.1. 실험 원리

○ 시료를 황산 산성 조건으로 만들고 과망간산칼륨($KMnO_4$)을 일정 과량을 넣고 일정 시간 가열반응 시킨 다음 남은 과망간산칼륨($KMnO_4$)을 옥살산나트륨($Na_2C_2O_4$)으로 환원시킨다. 이때 과망간산칼륨을 환원시키고 남은 옥살산나트륨의 양을 과망간산칼륨($KMnO_4$)으로 적정하여 시료에 의해 소비된 과망간산칼륨을 계산하고 이에 상당하는 산소의 양을 측정하는 방법이다.

○ 과망간산칼륨($KMnO_4$)에 의한 유기물의 산화반응: 유기물을 글루코스(glucose, $C_6H_{12}O_6$)라 하면 $C_6H_{12}O_6$의 산화반응식, 과망간산(MnO_4^-)의 환원반응식은 각각 다음과 같다.

$$C_6H_{12}O_6 + 6O_2 \rightarrow 6CO_2 + 6H_2O \quad (1)$$

$$MnO_4^- + 8H^+ + 5e^- \rightarrow Mn^{2+} + 4H_2O \quad (2)$$

(1 mol $C_6H_{12}O_6$ ≡ 6 mol O_2 ≡ 24 g당량)

(1 mol MnO_4^- ≡ 5 mol e^- ≡ 5 g당량)

(1)×5 + (2)×24하면,

$$5C_6H_{12}O_6 + 24MnO_4^- + 192H^+ + 120e^- + 30O_2 \rightarrow 24Mn^{2+} + 30CO_2 + 126H_2O \quad (3)$$

$$92H^+ + 120e^- + 30O_2 \equiv 120H + 72H^+ + 60O \equiv 60H_2O + 72H^+ \quad (4)$$

(4)를 (3)에 대입하여 정리하면,

$$5C_6H_{12}O_6 + 24MnO_4^- + 72H^+ \rightarrow 24Mn^{2+} + 30CO_2 + 66H_2O \quad (5)$$

(5)식을 완성하면,

$$5C_6H_{12}O_6 + 24KMnO_4 + 36H_2SO_4 \rightarrow 24MnSO_4 + 12K_2SO_4 + 30CO_2 + 66H_2O \quad (6)$$

○ 옥살산나트륨($Na_2C_2O_4$)과 과망간산칼륨($KMnO_4$)의 산화·환원반응: H_2SO_4 산성에서 유기물의 산화에 소모되고 남은 과망간산칼륨($KMnO_4$)의 양은 옥살산나트륨($Na_2C_2O_4$)으로 환원 반응시켜 구하는 데, 이에 관한 산화·환원반응은 다음과 같다.

$$2KMnO_4 + 8H_2SO_4 + 5Na_2C_2O_4 \rightarrow$$
$$5Na_2SO_4 + K_2SO_4 + 2MnSO_4 + 8H_2O + 10CO_2(\uparrow)$$

위의 반응식에서,

$$2MnO_4^- + 16H^+ + 10e^- \rightarrow 2Mn^{2+} + 8H_2O$$
$$5C_2O_4^{2-} \rightarrow 10CO_2 + 10e^-$$

(5 mol $Na_2C_2O_4$ ≡ 2 mol $KMnO_4$ ≡ 10 mol e^- ≡ 10 g당량)

따라서, $Na_2C_2O_4$ 1 mol은 $KMnO_4$와 반응 시 2 g당량으로 작용한다.

5.2. 필요 시약 및 제조 방법

필요 시약

① 0.025 N 과망간산칼륨($KMnO_4$, Mw: 158.034 g mol^{-1})

② 0.025 N 옥살산나트륨($Na_2C_2O_4$, Mw: 134 g mol^{-1})

③ (1+2) 황산(H_2SO_4 - 11.9 N H_2SO_4)

④ 황산은(Ag_2SO_4, Mw: 311.799 g mol^{-1})

제조 방법

1) 0.025 N $KMnO_4$(Mw: 158.034 g mol^{-1})(1 L 기준)

① 1 L V-flask에 0.1 N(0.02 M) $KMnO_4$ 250 mL를 정확하게 취한 후 mass-up 하거나, 1 L V-flask에 $KMnO_4$ 7.902 g을 정확하게 넣고 녹인다.

② 증류수로 부피를 맞춘다.

주의사항 갈색 시약병에 넣어 냉암소에 보관

2) 0.025 N $Na_2C_2O_4$(Mw: 134 g mol^{-1})(1 L 기준)

① 1 L V-flask에 0.1 N(0.05 M) $Na_2C_2O_4$ 250 mL를 정확하게 취한 후 mass-up 하거나, 1 L V-flask에 150～200°C에서 약 1시간 건조하고 데시케이터에서 식힌 $Na_2C_2O_4$(Mw = 134.01) 1.675 g을 정확하게 넣고 녹인다.

② 증류수로 부피를 맞춘다.

3) (1+2) H_2SO_4 - 11.9 N H_2SO_4

① 1 L V-flask에 H_2SO_4 330 mL를 넣고 증류수로 부피를 맞춘다.

5.3. 실험 방법

시료 분해

① 250 mL 플라스크에 시료를 잘 흔들어 섞은 후 메스실린더를 이용해 100 mL를 정확하게 넣어준다.

주의사항
1. 시료를 플라스크에 넣기 전에 충분히 흔들어서 균일하게 해준다.
2. 시료의 양은 30분간 가열반응한 후에 0.025 N $KMnO_4$이 처음 첨가한 양의 50~70%가 남도록 채취한다.

② (1+2) H_2SO_4 10 mL를 넣고 $AgSO_4$ 분말 1 g을 넣어 충분히 흔들어 준 다음 수분 동안 방치하다.

③ 0.025 N $KMnO_4$ 10 mL를 정확하게 넣고 플라스크와 냉관을 연결시키고 냉각수를 흘려준다.

④ 수욕의 수면이 시료의 수면보다 높게 하여 끓는 수욕 중에서 30분간 가열한다.

⑤ 가열이 끝나면 냉각관 끝을 통하여 소량의 증류수를 사용하여 냉각관을 씻어준 다음 냉각관을 분리시킨다.

주의사항 씻어준 증류수가 플라스크로 완전히 흘러들어간 후에 냉각관을 분리시킨다.

적정

① 가열이 끝난 플라스크에 0.025 N $Na_2C_2O_4$ 10 mL를 정확하게 넣는다.

② 60～80℃로 유지하면서 0.025 N $KMnO_4$를 사용하여 엷은 분홍색이 될 때까지 적정한다.

주의사항 증류수로 넣어 같은 방법으로 실험하고 그 값을 Blank 값으로 사용한다.

5.4. 계산방법

$$COD(mg\ O_2\ L^{-1}) = (B-S) \times N \times \frac{1}{V} \times \frac{32}{4} \times 1000$$

- B : Blank 적정에 소비된 $KMnO_4$ 부피(mL)
- S : 시료 적정에 소비된 $KMnO_4$ 부피(mL)
- N : 적정에 사용한 $KMnO_4$ 의 N 농도
- V : 시료의 부피(mL)
- 32 : O_2의 분자량
- 4 : C가 CO_2로 산화될 때 잃어버린 전자 수
- 32/4 : 전자 하나에 해당하는 O_2의 질량
- 1000 : 부피 환산 계수(1000 mL/L)

참고문헌

APHA-AWWA-WEF (1998) Standard Methods for the Examination of Water and Wastewater, 20th ed. American Public Health Association, Washington D.C., USA.

6 총질소, 무기태 질소, 유기태 질소

6.1. 총질소

① 적당한 양의 수질 시료를 취하여 5장 “4. 토양 침출액 총질소 분해: 알칼리 과황산 산화” 방법에 따라 분해한다.

② 분해액에 대하여 5장 “5. 총질소 분석: 켈달 증류” 방법에 따라 증류하여 질소 농도를 분석한다.

6.2. 무기태 질소

① 적당한 양의 수질 시료를 취하여 5장 “7. 무기태 질소(NH_4^+, NO_3^-) 분석: 켈달 증류” 또는 “8. NH_4^+ 분석: Indo-phenol 비색법” 또는 “9. NO_4^- 분석: Vanadium 환원 비색법” 방법에 따라 분석한다.

6.3. 유기태 질소

① 총질소와 무기태 질소 농도 차이로 계산한다.

참고문헌

Hood-Nowotny R, Umana NH, Inselbacher E, Oswald-Lachouani P, Wanek W (2010) Alternative methods for measuring inorganic, organic, and total dissolved nitrogen in soil. Soil Science Society of America Journal 74, 1018-1027.

Keeney DR, Nelson DW (1982) Nitrogen-inorganic forms. In: Page AL, Miller RH, Keeney DR (Eds.), Methods of Soil Analysis, Part 2: Chemical and Microbiological Properties. ASA and SSSA, Madison, Wisconsin, USA, pp. 643-698.

Mulvaney RL (1996) Nitrogen-Inorganic forms. In: Sparks DL, Page AL, Helmke RH, Loeppert PN, Soltanpout MA, Tabatabai MA, Johnston CT, Sumner ME (Eds.), Methods of Soil Analysis, Part 2: Chemical Methods. ASA and ASSSA, Madison, Wisconsin, USA, pp. 1123-1284.

7
수용성 인과 총인

7.1. 수용성 인

① 적당한 양의 수질 시료를 취하여 5장 "12. 유효인산" 방법에 따라 분석한다.

7.2. 총인

① 적당한 양의 수질 시료를 취하여 5장 "13. 용존 총인" 방법에 따라 분해한 후 분석한다.

참고문헌

Kuo S (1996) Phosphorus. In: Sparks DL, Page AL, Helmke PA, Loeppert RH, Soltanpour PN, Tabatabai MA, Johnston CT, Sumner MA (Eds.), Methods of Soil Analysis Part 3: Chemical Methods. ASA and SSSA, Madison, Wisconsin, USA, pp. 869-919.

Lajtha K, Driscoll CT, Jarrell WM, Elliott ET (1999) Soil phosphorus: characterization and total element analysis. In: Robertson GP, Coleman DC, Bledsoe CS, Sollins P (Eds.), Standard Soil Methods for Long-term Ecological Research. Oxford University Press, New York, USA, pp. 115-142.

8
용존 탄소

8.1. 분석 방법

○ 적당한 양의 수질 시료를 취하여 4장 “4.6. 총유기탄소분석기” 방법에 따라 무기탄소와 유기탄소를 분석한다.

참고문헌

APHA-AWWA-WEF (1998) Standard Methods for the Examination of Water and Wastewater, 20th ed. American Public Health Association, Washington D.C., USA.

10장

탄소와 질소동위원소비 분석법

1 토양 및 식물체 시료

1.1. 시료 조제

○ 토양 및 식물체 분석을 위해 볼 분쇄기로 곱게 간 시료를 사용한다.

1.2. 시료 분석

○ 시료 적당량(질소 기준 50~100 μg)을 주석 캡슐(Tin capule)에 담아서 밀봉한다.

주의사항

1. 토양 시료(질소 0.1~0.2%)는 50 mg 정도, 식물체 시료(질소 2~3%)는 2 mg 정도 무게를 단다.
2. 시료 대량 분석 전에 적당한 시료를 취하여, 시료량을 확인한다.

○ 3장 "10. 안정동위원소비질량분석기" 사용 매뉴얼에 따라 분석한다.

2 수질 시료

2.1. 실험원리

○ 수질 시료의 탄소와 질소동위원소비는 유기물, 탄소 화합물, 질소 화합물의 오염원 추적에 활용되는 지표이다.

○ 수질 시료의 오염 물질은 입자상 물질(Particulate organic matter, POM)과 용존 물질로 구분된다.

○ 수질시료를 탄소와 질소가 없는 CN-free 여과지로 여과하여 입자상 물질과 용존 물질을 분리하여, 각각에 대해 동위원소비를 분석한다.

2.2. 여과, 부유물질 회수 및 시료 보관 방법

1) 여과 및 여과액 시료 보관

① 여과에 사용할 유리섬유 여과지(Glass filter; GF/C) (whatman, 90 mm)를 오븐을 이용하여 105°C에서 2시간 이상 건조한다. 건조한 여과지는 데시게이터에서 방랭한다.

② 화학저울을 이용하여 알루미늄 접시의 무게를 소수점 셋째 자리까지 기록하고, 건조한 여과지를 알루미늄 접시에 담아 총 여과지 + 알루미늄 접시의 무게를 기록한다.

③ 무게 칭량한 여과지를 여과기에 부착한다.

④ 메스실린더를 이용하여 부피를 측정한 후 시료(부피 정확하게 기록)를 여과기에 천천히 주입하면서 진공 여과한다. 시료의 혼탁도에 따라 시료량은 조절 가능하며, 충분한 양의 입자상 물질을 확보해야 한다. 여과한 시료는 각 분석항목에 맞

게 전처리하여 냉장 보관한다.

⑤ 다음 시료 여과를 위해, 메스실린더와 여과기를 증류수를 이용하여 2~3회 세척한다.

주의사항 부유물이 많을 경우, 여과지 Pore가 막혀서 여과가 잘 되지 않을 때는 여과지를 교체하여 여과를 계속한 후 ③~④의 과정을 반복한다.

⑥ 여과 완료 후 여과기로부터 여과지를 분리하여 알루미늄 접시에 담고, 적외선 건조기(IR)에서 건조한다.

⑥-1. 건조가 완료된 여과지는 데시게이터에서 방랭한 후, 화학저울을 이용하여 무게를 소수점 셋째 자리까지 기록한다.

⑥-2. 무게 측정이 끝난 여과지는 알루미늄 접시에서 분리하여 여과지만 지퍼백에 담아 데시게이터에 보관한다.

⑦ 여과 완료 후 여과기에 담긴 여과액은 절반씩 500 mL 광구병에 담는다.

⑦-1. 하나는 0.1 N HCl을 이용하여 pH를 5로 조정하여 냉장 보관한다.

⑦-2. 다른 하나는 처리없이 그대로 냉장 보관한다.

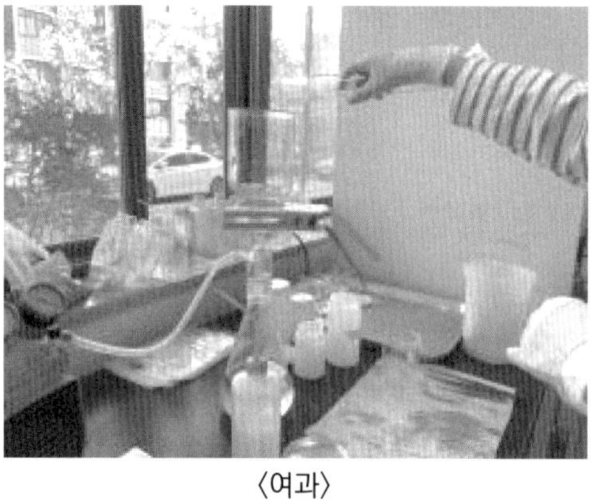

〈여과〉

〈IR 건조〉

2) 부유물질 농도 계산

$$SS(mg\ L^{-1}) = (b\text{-}a) \times \frac{1}{V} \times 1000$$

- a : 시료 여과 전의 유리섬유 여과지 무게(mg)
- b : 시료 여과 후의 유리섬유 여과지 무게(mg)
- V : 시료의 양(mL)
- 1000 : 부피 환산 계수(mL L^{-1})

3) 부유물질 시료 회수 및 보관

- ○ 무게 측정이 끝난 여과지는 스페츌러와 핀셋을 이용하여 부유물질을 회수한다.
- ○ 여과지는 회수되지 않도록 눈에 보이는 여과지 조각은 제거한다.
- ○ 회수한 시료는 cap 플라스틱 바이얼에 담아 보관한다.

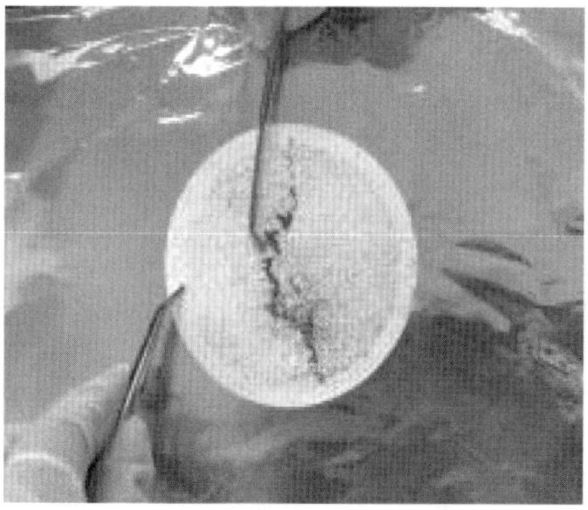

〈부유물질 회수〉

2.3. 부유물질 탄소와 질소 동위원소비 분석

○ 회수한 시료 10 mg(부족할 경우, 전량)을 칭량해서 무게를 기록하고, 주석 캡슐에 담아 안정성동위원소비 질량분석기(IRMS)로 탄소 및 질소의 함량과 동위원소비를 분석한다.

2.4. 용존 유기탄소와 총질소 동위원소비 분석

주의사항

1. 아래 실험(시약 조제 포함)에서는 반드시 3차 증류수 사용함.
2. pH 5로 조정된 여과액 시료 사용

1) 필요 시약 및 조제 방법

① 증량제(5% KCl) 용액

- 증량제 용액(5% KCl; 1 L 기준): KCl 50 g을 증류수에 녹여 1 L mass-up 한다.

2) 실험 방법

① 50 mL Conical tube에 시료 45 mL를 담고, 증량제 용액(5% KCl)을 2 mL(KCl 0.1 g) 넣는다.

② 위 시료에 0.1 N HCl을 넣어 pH를 3.5-4.0 수준으로 조정한다(리트머스 시험지 사용).

③ 적외선 건조기(IR)에서 건조시킨 후, 스페출라를 이용하여 건조가 완료된 시료 전량을 회수하여 cap 플라스틱 바이얼에 옮겨 담는다.

④ 건조 분말을 주석 캡슐에 담고(무게 칭량 없이, 주석 캡슐의 1/3 정도 채울 정도로 정도 담는다(전용 스푼으로 2스푼).

⑤ 안정성동위원소비 질량분석기로 동위원소비를 분석한다.

2.5. 용존 무기질소 동위원소비 분석

① 5장 "무기태 질소(NH_4^+, NO_3^-) 분석: 켈달 증류" 방법에 따라 증류하여 0.01 N H_2SO_4로 포집한다.

② 포집된 질소 용액(NH_4^+, SO_4^{2-})을 100 mL 비커로 옮기고 pH meter를 설치한 후 디지털 뷰렛에 담긴 0.01 N NaOH로 적정한다. pH가 5.4-5.5 사이가 종말점이다.

③ 적정이 끝난 후, 0.1 N H_2SO_4를 0.1 mL씩 넣어 pH를 3.3-3.5로 조절하고 IR 건조기에서 건조하여 $(NH_4)_2SO_4$ 형태의 분말을 얻는다.

④ 분말을 주석 캡슐에 담아서 질소 동위원소비를 분석한다.

2.6. 유기태질소 동위원소비 분석

○ 동위원소비 질량 수지(Isotope ratio mass balance) 식을 이용하여 계산한다.

$$\delta^{15}N_{org} = \frac{([TN] \times \delta^{15}N_{TN}) - ([NH_4^+] \times \delta^{15}N_{NH4+} - [NO_3^-] \times \delta^{15}N_{NO3-})}{[Org\text{-}N]}$$

- $\delta^{15}N_{org}$, $\delta^{15}N_{TN}$, $\delta^{15}N_{NH4+}$, $\delta^{15}N_{NO3-}$: 각각 유기태질소, 총질소, NH_4^+, NH_3^-의 동위원소비
- [Org-N], [TN], [NH_4^+], [NO_3^-], : 각각 유기태질소, 총질소, NH_4^+, NH_3^-의 농도

참고문헌

Hedges JL, Stern JH (1984) Carbon and nitrogen determinations of carbonate- containing solids. Limnology Oceanography 29, 657-663.

Jeong YJ, Seo BS, Baek N, Kwak JH, Lee SM, Park HJ, Choi WJ (2022) Methods for the determination of stable isotope ratios of multiple nitrogen species in rainwater using distillation and evaporation. Frontiers in Environmental Science 10, 877055.

Jeong YJ, Park HJ, Baek N, Seo BS, Lee KS, Kwak JH, Choi SK, Lee SM, Yoon KS, Lim SS, Choi WJ (2023) Assessment of sources variability of riverine particulate organic matter with lad use and rainfall changes using a three-indicator ($\delta^{13}C$, $\delta^{15}N$, and C/N) Bayesian mixing model. Environmental Research 216, 114653.

저자 소개

최 우 정 : 서울대학교 학·석·박사
캐나다 Alberta 대학교 박사후연구원
한국토양비료학회 부회장, 편집위원장
Canadian Journal of Soil Science 편집위원
Journal of Soils and Sediments 편집위원
Biology and Fertility of Soils 편집위원
전남대학교 학술연구위원, 입학공정관리위원, 인권침해심의위원, 교육공무원징계위원
전남대학교 교수회 사무처장, 평의원회 산학·연구·조정위원회 부위원장
전남대학교 기후변화대응농생명연구소 소장
BK21 기후지능형간척지농업교육연구팀 책임교수
대통령 직속 2050탄소중립녹색성장위원회 민간위원

임 상 선 : 전남대학교 학·석·박사
전남대학교 강사
캐나다 Alberta 대학교 박사후연구원
CJ 제일제당 BIO 말레이시아 비료 부제품 R&D 담당
CJ 제일제당 BIO 인도네시아 비료 부제품 영업·생산 담당

곽 진 협 : 전남대학교 학·석사
캐나다 Alberta 대학교 박사
한국토양비료학회 편집간사
국립식량과학원 현장명예연구관
2050탄소중립녹색성장위원회 농축수산·흡수 부문 전문위원

이 선 일 : 전남대학교 학·석·박사
국립식량과학원 석사후연구원
국립농업과학원 농업연구사
국제온실가스연구연맹(GRA) 농경지분과 회원
농업·농촌 자발적 온실가스 감축사업 심의위원

이 광 승 : 전남대학교 학·석·박사
서울대학교 NICEM 연구원
국립식량과학원 박사후연구원
국립식량과학원 농업연구사

박 현 정 : 전남대학교 학·석사
서울대학교 NICEM 환경위해성평가센터 선임연구원

이 동 석 : 전남대학교 학·석사
한국수자원공사 보령권지사 대리

함 종 현 : 전남대학교 학·석사
CJ 제일제당 BIO 연구소 연구원
곡성군농업기술센터 지방농촌지도사

전 병 준 : 전남대학교 학·석사
담양농협

이 세 인 : 전남대학교 학·석사
농촌진흥청 KOPIA 우즈베키스탄센터 책임연구원
전남대학교 조교
국립농업과학원 석사후연구원

박 현 진 : 전남대학교 학·석·박사
전남대학교 강사
캐나다 Alberta 대학교 박사후연구원
전남대학교 기후변화대응농생명연구소 학술연구교수
국립식량과학원 농업연구사

양 혜 인 : 캐나다 Alberta 대학교 학사, 전남대학교 석사
전남대학교 산학협력단 연구원
독일 막스플랑크 생물지구화학연구소 박사과정 연구원

박 세 인 : 전남대학교 학·석사
캐나다 Alberta 대학교 연수연구원
전남대학교 산학협력단 연구원
국립환경과학원 전문위원

서 보 성 : 전남대학교 학·석사
일본 Yamagata 대학교 연수연구원
전남대학교 산학협력단 연구원
국립식량과학원 석사후연구원

정 영 재 : 전남대학교 학·석사
캐나다 Alberta 대학교 연수연구원
전남대학교 산학협력단 연구원
국립농업과학원 석사후연구원
전라남도 2022년도 제5회 지방공무원(농업연구사) 합격

백 누 리 : 전남대학교 학사
일본 Chiba 대학교 연수연구원

집필 후기

임상선

사부님 및 연구실 후배님의 다년간의 고생 끝에 본 서적이 출간되었습니다. 2005년 처음 연구실에서 실험을 시작할 때 영문 원서와 논문을 참고하여 각 분석 항목에 대해 국문 분석법을 정리하였는데 이제는 그 노력이 열매를 맺었습니다. 정확한 분석과 데이터 확보는 농업환경 연구의 기본으로 후배들이 본 서적을 참고하여 더 좋은 연구결과를 창출하는데 도움이 되기를 바랍니다.

곽진협

2005년 4월, 몇 년 동안 방치되어 창고 같았던 연구실을 정리하고 나니 사용할 수 있는 것은 비커 몇 개뿐이었습니다. 어느새 새로운 실험대, 실험 기구, 초자 등이 실험실에 세팅되었고, 역사가 시작되었습니다. 피펫 사용법, 칭량 하는 법 등 기초 실험법을 교수님께 배우며 신기해서 사진 찍고는 했었는데, 세월이 흘러 이렇게 실험 매뉴얼을 책자로 발간 할 수 있어서 감회가 새롭습니다. 후배들이 새로운 연구를 더 하고, 매뉴얼 내용이 추가되어 2판, 3판이 출판되길 기대합니다.

이선일

화학분석·실험은 농업환경 연구의 기본이며 시작입니다. 본 책자는 실험 기구, 분석원리, 실험 방법에 대해 자세한 정보가 정리되어있어, 농업환경 연구원에게 유익한 자료로 활용될 것입니다. 이러한 연구의 시작을 함께하는 책자의 공동집필 일원이 될 수 있어 큰 자부심을 갖습니다.

이광승

모든 연구의 기본은 정확한 데이터 획득에서부터 출발할 수 있습니다. 농업환경 연구를 위한 실험법들이 기본에 충실하게 정리되어 많은 연구자들에게 도움이 될 것으로 생각합니다. 그 동안 우리의 노력이 헛되지 않게 열매를 맺을 수 있어 감사합니다.

박현정

교수님 이하 토지 개량 및 복원 연구실 소속 연구원들의 노력과 열정을 책자에 담아 발간할 수 있게 되어 자랑스럽습니다. 이 책자는 수년간 농업환경 분야를 연구하며 정확한 데이터 생산을 위한 끊임없는 노력으로 완성되었습니다. 이해하기 쉽게 체계적으로 작성되어 대학생뿐만 아니라 해당 분야 종사자에게도 많은 도움이 될 것입니다. 뜻깊은 일에 함께할 수 있어서 영광이고 모든 공동집필 위원분들께 감사함을 전합니다.

이동석

올바른 환경정책 수립과 실행을 위해서는 정확한 데이터의 획득과 분석이 우선으로 선행되어야 합니다. 본 책자에 수록된 실험 방법 등의 정보는 정확한 자료를 얻기 위해 노력하는 누군가에게는 도움이 될 것으로 자부합니다. 뜻깊은 자리에 함께할 수 있어 영광이며 모든 동료들에게 고마움을 전합니다.

함종현

학부생 및 대학원 과정 중 기존의 화학분석·실험 매뉴얼을 통해 토양 분석 이론과 실습 등에 대해 많이 배울 수 있었습니다. 토지 개량 및 복원 연구실의 교수님, 선후배들의 노력을 통해 발간된 본 책자가 농업환경 연구에 종사하는 많은 분에게도 도움이 되기를 바랍니다.

전병준

농업환경의 근간이자 작물 생육의 주요 환경요인인 토양을 분석하기 위해서는 정확도 높은 토양분석법이 필요합니다. 이 책자는 다년간의 경험을 바탕으로 정확도 높은 토양 분석 및 실험법을 소개하고 있어 토양을 비롯한 환경 전공자들에게 큰 도움이 될 것으로 생각합니다.

이세인

이 책자는 교수님을 비롯하여 토지 개량 및 복원 연구실에서 함께 공부한 대학원생들과 학부생들이 후배들을 위하는 마음이 있었기에 출판될 수 있었다고 생각합니다. 농업환경 그리고 토양을 공부하는 모든 분께 이 책자가 많은 도움이 되길 바랍니다.

박현진

이 책자는 2005년 실험실이 처음 세팅되었을 때부터 교수님과 선배들이 작성하기 시작하여, 현재년까지 많은 대학원생의 손길을 거쳐 완성되었습니다. 그 손길 속에 조금이나마 저의 손길도 담을 수 있어 영광입니다. 앞으로도 많은 후배가 이 책자에 손길을 담아 더 발전된 2판, 3판이 출판되길 바랍니다.

/양혜인

기존의 토양 물리·화학 분석법에 다년간 여러 연구원의 경험과 시행착오가 더해져 정리된 분석 매뉴얼 집필에 참여할 수 있어 보람을 느낍니다. 본 책자가 토양 연구 및 분석의 기초 자료로 잘 활용될 수 있기를 희망합니다.

/박세인

본 책자는 토양환경연구와 더불어 환경 화학 분야의 기초가 되는 자료입니다. 분석 화학의 기본 원리와 실험 방법에 대해 정리가 잘 되어있어 환경 화학분석을 처음 배우는 사람들에게 좋은 길잡이가 될 것입니다. 본 책자를 발간하는데 함께 할 수 있어 영광으로 생각하며 공동 저자들에게 감사의 인사를 보냅니다.

/서보성

본 서적은 토양, 수질, 식물체 등 농업환경분석에 필요한 기본 실험 기구부터 이론과 실험 방법이 잘 수록되어 있으며, 전문지식이 없는 대학생들이 쉽게 이해하여 실험을 통해 데이터를 얻을 수 있게 만든 농업환경 분석법입니다. 이렇게 가치 있는 농업환경 분석법 집필에 참여할 기회가 주어져 큰 영광이라고 생각합니다.

/정영재

본 책자는 집필진들이 실제 토양, 수질, 식물체 등의 실험을 진행하면서 필요한 실험 원리부터 실험 기구, 방법 등을 상세히 정리한 농업환경 분석 매뉴얼입니다. 실험을 처음 접하는 대학생부터 관련 연구원들까지 유익하게 참고할 수 있는 서적입니다. 또한, 연구를 시작하는 누군가에게 도움이 되는 서적에 공동 집필진으로 참여하며 연구실 실훈처럼 사회에 '밥값'을 할 수 있어 큰 자부심을 느낍니다.

/백누리

먼저, 본 책자의 집필에 참여하게 되어 정말 영광입니다. 교수님을 비롯한 선배님들께서 남겨두신 발자취로 분석원리를 이해함과 동시에 실험을 진행하는 데 큰 도움을 받았습니다. 본 책자가 출판된 이후, 저뿐만 아니라 농업환경 분야 연구자들에게도 널리 알려져 많이 활용되기를 바랍니다.